■ 畜禽病早防快治系列丛书

猪病 早防快治

景志忠 主编

［第二版］

中国农业科学技术出版社

图书在版编目（CIP）数据

猪病早防快治／景志忠主编 . —2 版 . —北京：中国农业科学技术
出版社，2018.6

ISBN 978-7-5116-3567-9

Ⅰ.①猪… Ⅱ.①景… Ⅲ.①猪病–防治 Ⅳ.①S858.28

中国版本图书馆 CIP 数据核字（2018）第 044581 号

责任编辑	张国锋
责任校对	贾海霞

出 版 者	中国农业科学技术出版社
	北京市中关村南大街 12 号 邮编：100081
电 话	（010）82106636（编辑室） （010）82109702（发行部）
	（010）82109709（读者服务部）
传 真	（010）82106650
网 址	http：//www.castp.cn
经 销 者	各地新华书店
印 刷 者	北京富泰印刷有限责任公司
开 本	850mm×1 168mm 1/32
印 张	5.75
字 数	162 千字
版 次	2018 年 6 月第 2 版 2019 年 11 月第 4 次印刷
定 价	24.00 元

《猪病早防快治》（第二版）

编写人员名单

主　　　　编　景志忠

副　主　编　曹健民　李克斌　李　辉

参加编写人员（按姓氏笔画为序）

何小兵　张　强　李　辉　李宏强

李克斌　陈国华　郑亚东　房永祥

骆学农　侯俊玲　郭爱疆　贾怀杰

曹健民　景志忠　窦永喜　蒙学莲

审　　　　校　景志忠　李宏强　曹健民　李克斌

中国农业科学院兰州兽医研究所

家畜疫病病原生物学国家重点实验室　编

中 农 威 特 生 物 科 技 有 限 公 司

主编简介

　　景志忠，博士，研究员，博士生导师，现为中国农业科学院兰州兽医研究所人兽共患病研究室主任，畜禽重要人兽共患病创新团队资深首席，主要从事预防兽医学的研究工作，在人兽共患病毒病防控及病原与宿主互作分子生物学和免疫学研究方面有多年的工作经历和经验。获农业部、甘肃省和北京市科技奖7项（其中二等奖5项），第一完成人4项；主持制定农业行业标准或规范3项；授权发明专利10项，其中第一发明人6项；发表科技论文270余篇，其中第一或通讯作者145篇，SCI收录20篇；主编（译）《动物疫苗学》《TOLL样受体与天然免疫》《猪病早防快治》《猪病智能卡诊断与防治》和《天然分子免疫学》著作5部，参编著作4部；现为中国农业科学院研究生院、兰州大学、四川农业大学等院校的研究生导师，共培养硕士、博士研究生近50名。

内容简介

　　该书从国内近年来猪病发生的主要种类、流行的基本规律和综合防制措施，诊断和治疗技术，以及重要疾病的具体防治等内容方面，较系统地介绍了我国猪病防治的原则、策略和重点。该书分为三章，主要包括猪病发生的规律与综合防制、猪病实用诊疗关键技术和猪的重要疾病及防治措施等部分。该书主要针对广大基层兽医人员、专业养猪户以及从事养猪生产的工作人员和精准扶贫的科技人员使用。

前　言

　　猪病是严重影响养猪业健康发展的主要因素之一，在商品经济日趋活跃的今天，这一问题显得更为突出。在养猪生产中，猪病特别是猪口蹄疫、猪瘟和猪蓝耳病等重大疫病的发生、传播和流行，往往造成养殖户、饲养场、村镇乃至全国范围内的猪大批死亡，甚至威胁人类的生命和健康。目前，我国猪的死亡率高达10%左右，直接损失上百亿元，而因疾病引起的生产性能下降、食品安全和公共卫生等问题的间接损失更是无法估计。虽然我国养猪业的规模化、集约化和专业化的养殖技术得到空前的发展，现代规模化万头养殖企业不断涌现，但不能回避的是，我国广大农牧区的群众仍以家庭或合作社为单位养殖，这样的千家万户的养殖方式，造成疾病发生多、防病难度大、危害严重和疫病净化根除困难等问题。因此，认识和掌握农牧区猪病发生、发展和流行的规律，结合基层实际制定出预防、控制和消灭猪病行之有效的措施是面对的现实问题。此外，随着我国精准扶贫攻坚战的打响，在广大的农区、山区和困难地区，科学养猪成为脱贫致富的关键一招，但如何防病治病摆在了专业养殖户主、基层兽医以及帮扶干部和科技人员面前的首要问题，该书的编写出版就是要解决这一实际问题。

　　该书在原《猪病早防快治》一书的基础上，从国内近年来猪病发生的主要种类、流行的基本规律和综合防制措施，诊断和治

疗技术，以及重要疾病的具体防治等内容方面，较系统地介绍了我国猪病防治的原则、策略和重点，该书主要包括猪病发生的规律与综合防制、猪病实用诊疗关键技术和猪的重要疾病及防治措施等三大部分。该书针对猪病防治有关书籍过于陈旧、参考价值低、不易被广大养猪一线读者所接受等问题，从编写的出发点、内容和语言文字表达等方面尽量贴近生产实践一线和养殖专业户使用，尽可能使内容既针对现代养猪实践，又科学实用，可操作性强，通俗易懂。同时，在内容介绍方面高度概况总结，将类似症状、疾病按逻辑关系归类介绍，如在第三章中，以损伤猪的主要组织器官的疾病（繁殖障碍、呼吸道疾病、消化道疾病和神经系统疾病）为主线，采用鉴别诊断的方法，明确病因后，再对症对因综合防治是本书的特色。另外，还专门和增加更新了附录部分，将最新注册上市的疫苗和药物以及免疫程序和用药方法推荐给广大养猪用户，以科学指导防病治病，取得最佳经济效益，为我国的精准扶贫、小康社会和美丽新农村建设服务。

　　本书主要适用于广大的基层兽医人员、专业养猪户以及从事养猪生产的工作人员和广大的科技人员使用。

　　由于编者的知识、能力和水平十分有限，肯定在内容、文字表述以及对资料的理解上还存在诸多方面的疏漏和错误之处，恳请读者批评指正。

编者：景志忠

2018 年 5 月　于兰州

目 录

第一章

猪病发生的规律与综合防治

第一节　猪病概述

　　猪病，一般分为疫病和普通病两大类，前者主要包括传染病和寄生虫病，后者则主要包括内科病、外科病、产科病、中毒病和营养代谢病等。猪疫病的主要致病因子是病原微生物和寄生虫，通常称为生物病原体。病原体一般具有传染性和侵袭性，在条件适宜时可造成疫病在猪群中的暴发和流行，引起重大的经济损失。在病原体的侵袭作用下，猪能够对大多数的病原体产生免疫反应，而且有些免疫反应十分顽强。人们根据这一特性，可以实施人工免疫接种，以有效地控制和消灭疫病。猪普通病的主要致病因子是不良的饲养管理、环境因素和体质状况等，如通风不良、过热过冷、圈舍过分拥挤、环境潮湿、饲料不洁、误食毒物等，其主要特性是没有传染性和侵袭性，但其造成的损失也是十分巨大的。

　　猪病是严重影响养猪业发展的因素之一。在商品经济日趋活跃的今天，这一问题显得更为突出。在养猪生产中，猪病的发生、传播和流行，往往造成养殖户、饲养场、整个村镇乃至相当大的区域内猪的大批死亡，带来巨大的经济损失，有时甚至威胁人民生活和健康。因此，认识和掌握猪病发生、发展和流行的规律，并结合实际制定出预防、控制和消灭疾病行之有效的措施，对养猪业的持续、健康和快速

发展，有着极为重要的意义。

第二节 猪病发生和流行的规律

一、猪病病原体的基本结构

猪疫病病原体大多数是单细胞生物，构造简单，繁殖很快，非常细小，一般用肉眼看不到，只有借助显微镜甚至电子显微镜才能看到。

病原微生物和寄生虫是生物性的致病因素，它们绝大多数自己不能制造养料，必须依赖有机物或从宿主中获得营养，并在宿主体内进行繁殖，生长的适宜温度一般在37℃左右。病原微生物包括病毒、细菌、立克次氏体、螺旋体、支原体、衣原体、真菌和放线菌等；寄生虫包括原虫、蠕虫、蜘蛛昆虫等，其中蠕虫中又包括吸虫、线虫、绦虫和棘头虫等。一般将病原微生物引起的疾病叫作传染病；而将寄生虫侵袭寄生而引起的疾病叫作寄生虫病。这些病原除了对猪引起疫病外，还对其他动物甚至人造成威胁，这种对动物和人都能威胁的疫病，叫作人兽共患病。

（一）细菌

细菌是微小而不超过几个微米的生物，按基本形态分为三种（图1-1）：球菌、杆菌及螺旋菌。球菌中只有一部分具有致病性如链球菌、葡萄球菌和双球菌，它们往往是多种炎症和化脓的重要原因；杆菌多呈圆柱形，有的呈梭形、卵圆形，有的直，有的弯曲。细菌大小相差很悬殊，小的为0.2微米×（0.5~1.0）微米，大的为（1~2）微米×（5~10）微米，中等的（0.5~1）微米×（2~3）微米。大多数致病菌属于杆菌，如炭疽芽孢杆菌、巴氏杆菌、布氏杆菌、结核分枝杆菌等；螺旋菌多呈弯曲或扭转状，分为弧菌、螺旋菌。

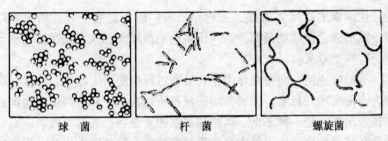

球菌　　　　　杆菌　　　　　螺旋菌

图1-1　细菌的三种形态

细菌虽小，但结构完整，基本上与高等植物的细胞相似，具有细胞壁、胞质膜、细胞质、核或核质。此外有些细菌还有鞭毛、芽孢、荚膜和纤毛等特殊结构。鞭毛是细菌的运动器官，根据鞭毛的有无，以及鞭毛抗原成分，可以鉴定细菌的种类。荚膜是细菌另一个特殊结构（图1-2），它与细菌的毒力有关。如果荚膜菌失去了荚膜，也就失去了致病性。芽孢是在细胞内形成的圆形或椭圆形的特殊结构，它

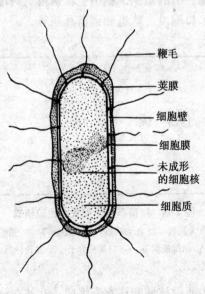

鞭毛

荚膜

细胞壁

细胞膜

未成形
的细胞核

细胞质

图1-2　荚膜细菌的模式结构

对理化因素的抵抗力极强，一般在土壤中能存活数十年，如炭疽杆菌。能形成芽孢的细菌都为革兰氏染色阳性杆菌，这一点在诊断和治疗上有重要意义。

有的病原菌，在宿主体内生长繁殖过程中能产生毒素。毒素一般分为内毒素和外毒素，前者与细菌细胞密切相关，只有当细胞崩解后才释放出来，是一种多糖、类脂和多肽的复合物，其毒力较弱；而后者是在细菌生命活动过程中释放到细胞外的一种蛋白质，具有强烈的毒性。

（二）病毒

病毒比细菌更小，测定单位是毫微米，最小的为0.1毫微米，近似于蛋白质分子的大小（图1-3）。绝大多数病毒在普通光学显微镜下看不到，必须借助电子显微镜才能见到。其基本形态有四种：球形、圆柱形、砖形和蝌蚪形。病毒不具有完整的细胞结构，也没有独立的酶系统，只能在活的组织细胞中生长繁殖。病毒能引起许多危害严重的传染病，如口蹄疫、猪瘟和猪蓝耳病等。

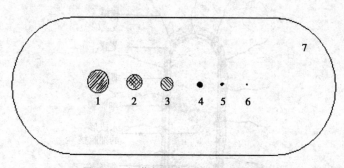

图1-3　细菌与病毒间大小比较模式

1. 伪狂犬病毒　2. 狂犬病毒　3. 流感病毒　4. 猪瘟病毒
5. 口蹄疫病毒　6. 白蛋白分子　7. 大肠杆菌

病毒的结构主要由核酸和核衣壳组成，有的在核衣壳外包一层囊膜。衣壳对病毒起保护作用，而有囊膜的病毒，对乙醚敏感，易被灭活。核酸决定着病毒的自身生命、繁殖传代和感染能力，是遗传和变异的基础。每种病毒只含一种核酸类型，DNA 或 RNA，据此将病毒分为 DNA 病毒和 RNA 病毒两大类。有的病毒能在受感染的细胞内产生异常结构的包涵体，经染色后，可在普通显微镜下观察到。依据出现包涵体的细胞种类，以及包涵体在细胞内的位置和形态，可作为诊断病毒病的参考。

（三）立克次氏体

立克次氏体是介于细菌与病毒之间的微生物，它比病毒大，但比一般的细菌小，能在显微镜下观察到。一般不能通过滤器。有着严格的寄生性，不能在细胞外存活。在自然界中多寄生在节肢动物体内，并主要通过它们传播疫病。

（四）螺旋体

螺旋体是一类介于细菌与原虫之间的单细胞微生物。其基本形态为细长而有弹性，菌体回旋弯曲呈波状、卷发状或弹簧状，能弯曲和自由运动。大型螺旋体多为腐生性的，对人、畜不致病，而小型的多有致病性，一般在 20 微米以内，如钩端螺旋体能引起人及家畜的发病。

（五）支原体

支原体是介于细菌与病毒之间的微生物，又称霉形体。它和病毒相似，能通过滤菌器，与细菌相似，都能在无组织细胞的人工培养基上生长繁殖。由于缺乏细胞壁，其形态差异较大。如支原体能引起猪气喘病。

（六）衣原体

衣原体也是介于细菌与病毒之间的一种微生物。基本形态是球形，专营细胞内寄生。在人工培养时，一般能在鸡胚卵黄囊、绒膜尿囊膜和尿囊膜，以及鸡胚组织细胞培养基中生长良好，这一特征很像病毒。但在对某些化学药物和抗菌素的敏感性方面，又像细菌。

（七）真菌

真菌是一类不分根、茎、叶，不含叶绿素的低等植物，一般营腐

生和寄生生活。其构造比细菌复杂，细胞壁较厚，有明显的细胞核，主要由孢子繁殖，不能运动。根据真菌的基本形态和进化程度，将其分为酵母样和丝状真菌两大类。前者为单细胞形式，呈圆形或椭圆形，如酵母菌；后者多数为多细胞形式，由许多细胞连成菌丝，并分枝交织成团而组成菌丝体。真菌绝大多数对人类有益，只有少数真菌可引起人类及畜禽的真菌病（传染病）或真菌中毒病（非传染病）。

（八）放线菌

放线菌是介于细菌与真菌之间的一类微生物。有细而分枝的菌丝结构，菌丝不分隔而有分枝，无明显的细胞核，但菌丝的直径微细与细菌相近。在临床上放线菌能引起放线菌病。

（九）原虫

原虫是单细胞动物，即它们的身体是由一个细胞构成，具有细胞膜、细胞质和细胞核。根据其形态分为鞭毛虫、根足虫、孢子虫和纤毛虫四大类。鞭毛虫体表有一层胞膜，形状比较固定，以鞭毛为运动器官，该虫多以吸血昆虫为媒介感染新宿主，并呈永久性寄生；根足虫以伪足为运动器官和采食器官，滋养体（虫体）常无固定形状，以分裂方式繁殖；孢子虫没有运动器官，营细胞内寄生，以孢子生殖和复分裂法进行繁殖；纤毛虫结构较复杂，体表有许多纤毛，借助纤毛而运动，主要以横分裂法繁殖。

（十）蠕虫

蠕虫是多细胞动物，种类繁多，大小差异悬殊，常寄生在宿主的消化道、肝、肺、肾等器官，以及肌肉和血管、胆管组织中。一般根据蠕虫的形态分为：吸虫、线虫、绦虫和棘头虫四大类。吸虫大多数具有1~2个肌质发达的吸盘为附着器官，虫体一般呈叶状或椭圆形，不分节。绝大多数吸虫为雌雄同体，发育史较复杂，需更换1~2种中间宿主，并经历虫卵、毛蚴、胞蚴、雷蚴、尾蚴和囊蚴发育阶段；绦虫的虫体呈带状，多数可分为头节、颈节和链体三部分，大小从数毫米至10米以上。头节上有4个吸盘或2~4个吸槽为附着器官。发育史较复杂，一般需1~2种中间宿主，其绦虫蚴病危害严重；线虫呈圆柱状或纺锤形，有的为线状或毛发状，虫体头端较圆，尾端尖细。一般雌雄异体，雄虫较雌虫小，大多数线虫是卵生的，有的是胎生的（如旋毛虫），也有卵胎生的（如肺线虫）；棘头虫呈长纺锤形或圆筒状，体表有假分节现象。无消化管，通过体表皮肤吸收营养。雌雄异体，在发育中需中间宿主参与。

（十一）蜘蛛

蜘蛛是节肢动物，种类极为复杂。蜘蛛类体躯融合，没有触角，头上有螯肢及脚触器，成蛛的头胸部有 6 对附肢。体表被覆有角质外表。没有复眼，只有单眼，无触角。口器的构造在作为传播病原体生物媒介中十分重要，蜘蛛一般为雌雄异体。

二、猪的感染、发病与免疫

病原体侵入易感动物猪体后，并在一定的部位生长繁殖，从而导致一系列的病理反应，这个过程称作感染。

当病原体具有一定的毒力和数量，在机体对病原抵抗力相对较弱时，猪体即表现一定的症状，且能从猪体传染到另一猪体或群体发病时，则认为发生了传染病；如果侵入的病原体定居在猪体的某一部位，仅进行有限的繁殖，而机体不表现任何临床病理症状，此为隐性感染。处于这种情况下的猪体，叫作带菌（毒、虫）者。

病原体侵入机体后不一定都会引起传染过程。一般在猪机体状况较好时，不适合病原体的生长繁殖，或者猪体能将已侵入的病原体迅速消灭，而不表现可见的病理变化和临床症状，这种现象就叫作免疫。

猪体的免疫力与感染、发病、隐性感染和免疫之间既有区别，又有联系，并能在一定条件下相互转化。感染和免疫是病原体与猪体斗争过程中的两种截然不同的表现，但它们并不互相孤立，可以相互转化。目前猪体防御机能包括非特异性的天然免疫和特异性的获得性免疫两方面。

（一）非特异性天然免疫

非特异性天然免疫又称先天性免疫（固有免疫），是猪体在长期进化中所产生的对任何病原体，以及其他异物所具有的抗感染能力，具有不专门针对某种病原体的广谱的可遗传的抗病特性，是机体防御疫病的第一道防线，主要在病原体感染后前4天发挥决定性作用。

1. 物理性屏障作用

（1）皮肤和黏膜的屏障作用。猪体组织结构对外界环境而言，是由皮肤和黏膜隔开的一个密闭的系统。健康和完整的皮肤黏膜构成了机体抵抗病原体侵入的机械性屏障，其自身腺体可分泌产生脂肪酸、乳酸、溶菌酶等，对多种细菌有抑制作用。

眼结膜、消化道、呼吸道和生殖道的黏膜不单是一层"防护膜"，还能产生一些分泌液清洗和消除病原体。另外，下呼吸道和胃肠道的黏膜上还覆盖着纤毛，能清除入侵的病原体。

（2）血脑屏障。血脑屏障主要由脑内毛细血管壁及包被在其外面的神经胶质细胞所形成的胶质膜组成。它能有效地阻止病原体及其毒素进入脑内中枢神经系统。

（3）胎盘屏障。正常胎盘结构能有效地保护胎儿不受某些病原体和药物的侵害。

2. 生理性抗病作用

病原体的生长繁殖大都有一定范围的适宜温度、酸碱度要求。温度（体温和发热）对病原体的生长有抑制作用。一般适应于哺乳动物的病原微生物，通常不感染体温较高的禽类，如炭疽杆菌就对家禽没有致病力。反之亦然。皮肤表面和黏膜的强酸碱环境，也能抑制微生物的生长。如唾液、泪液、汗液和胃液等。

3. 生物性抗病作用

（1）淋巴网状内皮系统。淋巴网状内皮系统包括全身淋巴组织和网状内皮系统，其功能多种多样，既参与非特异性免疫防御机能，又对特异性的免疫有重要作用。这种非特异性的天然免疫主要表现在对侵入的病原体或异物进行过滤、阻滞作用。此外，还通过炎症反应过程中产生的大量粒细胞、吞噬细胞集聚而捕食和吞噬各种病原体。

（2）体液中的抗微生物成分。在正常机体的血液和组织液中，含有多种非特异性的杀菌、抑菌和增强吞噬作用的物质。如血清中的补体、溶菌素、唾液、泪液、乳汁、肠分泌物和其他组织中的溶解酶，以及胃酸和胆汁等。其中最重要的是补体，它除能与抗原–抗体复合物结合，溶解病原体外，还能释放一些物质吸引吞噬细胞吞噬病原体。

（3）模式识别受体启动的天然免疫。机体拥有"三位一体"模式识别受体，它能通过识别病原或危险相关的分子模式而感知各种各样病原体的入侵，并启动抗感染、抗肿瘤和免疫调节的天然免疫应答，如促炎症细胞因子、I 型干扰素和抗感染效应分子的产生等。

（二）特异性获得性免疫

特异性免疫又称获得性免疫，是猪体生活过程中接触某种微生物或人工接种某种疫苗所获得的抗感染能力。这种抗感染的能力不是针对所有病原体，而是针对刺激其产生免疫力的这一特定的病原体发挥作用，即具有特异性。它包括体液免疫和细胞免疫两个方面。

1. 体液免疫

体液免疫是在特异性的抗原刺激下，B 细胞分化成浆细胞，产生抗体为主的免疫反应。在猪体抗感染的特异性免疫中，抗体起着重要的作用。抗体即免疫球蛋白，有多种类型，能中和细菌所产生的毒素；增强吞噬细胞的吞噬作用；在补体的协同下杀死或溶解被病原体感染的细胞。抗体有三方面的来源：通过人工接种疫苗后产生抗体；通过人工接种抗血清；仔猪通过吃初乳而获得母源抗体。

2. 细胞免疫

细胞免疫是在特异性的抗原刺激下，以 T 细胞活动为主的免疫反应。如在猪患布氏杆菌病数日后，猪血清中就出现大量的抗体，但疫病仍在继续发展。此时将该猪血清输入另一只猪，其免疫力并不能转移到后者；如果将其淋巴细胞输入另一只猪，则可建立坚强的免疫力。可见，对这种病原体的免疫力主要来自细胞免疫。

三、猪对病原感染的表现

在抗病过程中，猪体与病原微生物之间的斗争和矛盾运动，始终决定着猪体的抗病表现。疫病的发生、发展和结局取决于矛盾双方的力量对比，以及外界因素影响下的力量对比的变化。由于双方力量的对比不同和外界影响的差异，猪体对疫病感染的表现如下。

（一）不受感染

一般在猪体健康状况良好或处于高度免疫时，病原体不能在机体中大量繁殖，并被机体防御系统迅速消灭，此时猪体不被感染。

（二）隐性感染

猪机体对疫病有一定的抵抗力，同时在侵入机体的病原微生物数量较少或毒力较弱时，病原体虽能在体内生长繁殖，但造成的病理过程较轻，也不表现明显的临床症状，这种状态称为隐性感染。此时的猪往往是病原微生物的带菌（毒、虫）和排菌（毒、虫）者，是潜在的传染源，在猪病防治中应特别重视这一点。

（三）显性感染

在猪体抵抗力弱、病原微生物数量较多或毒力较强时，病原体在体内大量繁殖，严重损害组织器官，并出现明显的临床症状，通常把这一过程中的猪体表现称为显性感染。显性感染的猪是最危险的传染源。

四、猪疫病的发生和流行

猪疫病主要是病原生物体引起的一类疾病，它与普通病有很大的区别，猪疫病的特点如下。

（1）每种疫病都有其特异的病原体，即不同病原体可引起不同的猪病，如猪瘟病毒引起猪瘟，口蹄疫病毒引起猪的口蹄疫病，猪囊尾蚴引起猪囊虫病等。

（2）具有一定的传染性和流行性，即在短时间内猪群中的不同个体以及不同地区的不同群体先后同时发病。

（3）大多数疫病能产生免疫力，即在发病后能对其后的相同病原感染具有抵抗力。

（4）具有特征性的临床表现。

猪疫病的感染过程和临床表现虽各有其特点，但各种疫病在临床上，又有其共同表现。猪疫病发生的过程一般归纳为潜伏期（表1-1）、前驱期、症状明显期和恢复（转归）期。猪疫病的发生，自前驱期开始到恢复期或死亡为止的这一段时间称为病程。根据病程的长短，将猪疫病分为急性、亚急性和慢性三种。如猪患猪瘟后，有的一天内即死亡，表现为急性经过；有的经过3~4天才死亡，表现为亚急性经过；还有的要拖1个月以上才死亡，表现为慢性经过。

表1-1　猪主要传染病的潜伏期

病　名	平均时间	最短时间	最长时间
猪瘟	5~6天	3~4天	21天
猪丹毒	3~5天	1天	7天
猪肺疫	2~3天	人工感染（1~2天）	
仔猪副伤寒	—	3天	30天
猪水疱病	3~5天	—	7~8天
猪气喘病	7~15天	3~5天	30天
猪流感	3~4天	1天	7天

在猪群中疫病发生、传播和终止的过程，一般称为疫病的流行过程。疫病流行过程有其基本环节和流行特点。

（一）猪疫病流行的基本环节

1. 传染源

传染源是指那些体内有病原体生存繁殖，并能不断地向外界排出病原体的患病猪或隐性感染带菌（毒、虫）猪。因此，在防止疫病流行时，及时控制传染源是非常重要的。同时了解和掌握各种疫病在潜伏期排病原体和在康复后带菌（毒、虫）的时间，是确定动物的隔离期限的重要依据，对生产实践中的疫病防治极为重要。

2. 传播途径

病原体由传染源排出，经过一定的方式再侵入其他健康猪群所经过的途径，称之传播途径。传播途径分两大类。一是水平传播即传染病在群体或个体之间横向水平传播；二是垂直传播即从母体向其后代的纵向传播。猪疫病的主要传播途径如下。

（1）经呼吸道传播。病原体随病猪的咳嗽、打喷嚏的飞沫或呼气排出体外，健康猪通过呼吸道吸进这些含病原体的空气而感染。如猪的气喘病、流感等。

（2）经消化道传播。很多病原体都是经猪的饲料、饮水和拱食土等侵入健康猪体内，如猪瘟等。

（3）经皮肤传播。当皮肤和黏膜损伤时，病原体由伤口侵入，如破伤风杆菌和猪丹毒杆菌等。

（4）经生殖道传播。病猪与健康猪配种时，病原体借助生殖道直接和间接传播疫病，如猪传染性流产病。

（5）经生物媒介传播。野生动物、鼠类、吸血昆虫等，如蚊子、跳蚤等吸了病猪的血后，带上了病猪的病原体，然后再叮咬健康猪时，可将病原体传播给健康猪而发病。鼠类可传播猪旋毛虫病、猪瘟、口蹄疫等；昆虫可传播炭疽、猪乙脑、猪丹毒病等。

（6）经胎盘传播。受感染的怀孕母猪经胎盘血流传播病原体感染胎儿。如猪瘟、猪细小病毒病、钩端螺旋体病等。

3. 易感猪群

当某一猪群容易感染某种病原体时，称该猪群为易感猪群。一旦该病原体侵入易感猪群，可引起猪疫病在猪群中流行。但猪群中每个猪的易感性又取决于该猪的机体健康状况、饲养管理条件和免疫状态。若饲养管理条件好，并及时预防接种，则可增强机体的正常抵抗力和产生特异的免疫力，从而降低猪群的易感性，反之则增加其易感性。

总之，传染源、传播途径和易感猪群是疫病流行的三个基本环节，缺一不可。因此在猪疫病流行时，若切断任何一个环节，都可阻断疫病的流行。这在疫病防治上十分重要，需认真分析，恰当灵活应用。

（二）猪疫病的流行特点

1. 流行形式

在猪疫病流行过程中，根据发病率的高低和传播范围的大小，可分为四种主要表现形式，具体如下。

（1）散发性。在猪群中发病数量不多，并在较长的时期内以零星病例出现，如破伤风等。

（2）地方流行性。发病数量较多，但范围不广，仅限于一定的地区（村、乡、县）内，如猪丹毒、猪气喘病等。

（3）流行性。发病数量多，并在较短的时间内传播到较广的范围（几个乡、县、甚至一个省或数省），如猪瘟等。

（4）大流行性。发病数量很多，传播范围非常广，可传播到全国或几个国家，如口蹄疫等。

2. 流行的季节性和周期性

由于病原微生物、生物传播媒介如节肢动物以及猪群的健康状况都受到外界环境的季节性影响，因此某些疫病经常在一定的季节发生。另外，除了季节性流行以外，某些传染病如口蹄疫等在消灭控制后经过一定的间隔时期（数年），还可再度暴发流行，这就是传染病的周期性。猪疫病的季节性和周期性并不是不能改变，只要加强猪场的环境卫生、饲养管理条件，注意掌握疫病季节性发生的特性和规律，创造条件阻止病原体的生存和吸血昆虫的滋生，及时采取消毒杀虫措施，做好免疫预防接种，就可防止疫病的发生。

3. 疫源地

被传染源或传染源排出的病原体污染的地方，称为疫源地。一个疫源地有可能存在几年甚至十几年，直到病原体完全灭绝为止。在某一地区，如某种疫病正在流行，称该地区为"疫区"；疫区内发病的猪场、猪舍为"疫点"；在疫区周围的临近地区，随时可能遭受到疫区内流行疫病的侵入，这些临近的地区称为"受威胁区"。因此，在

疫病的防治中，除了控制"疫点"和"疫区"外，还要在"受威胁区"建立"免疫带"。

第三节　猪疫病的综合防治措施

为了有效地预防和控制、扑灭疫病，应遵循预防为主的原则，采取严密的防疫措施，进行综合防治。综合性防治措施的制定主要是针对危害性较严重的群发病而实施。群发病除传染病外，还有寄生虫病、中毒病、营养代谢病等。但在养猪实践中和兽医卫生防疫工作中，常以猪疫病为主要对象，制定和实施综合防治措施。综合防治措施主要围绕着消灭传染源、阻断传播途径和增强猪体的抵抗力而进行。

一、查明和消灭传染源

掌握疫情和疫情来源是制定防疫措施的重要依据。应结合当地实际，分析猪群饲养过程中疫病流行动态，主动自检或积极配合有关部门的定期检疫，弄清楚本地区不同季节猪病的发生规律。由于病猪、带菌（毒、虫）猪，以及病死猪及其产品是重要的传染源。因此，在养猪过程中，应始终遵循做好消灭传染源的几个原则。

（一）坚持"自繁自养"，严防病源传入原则

自繁自养原则是防止从外地购买猪中带进疫病的关键措施。如果必须从外地购进种猪时，应从健康的或疫情清楚的地区引进，并严格遵守隔离观察制度，经 1~2 个月的观察，确认无病后，才能合群饲养。

（二）积极配合搞好检疫，及时了解、上报疫情，实行"早、快、严、小"的措施，将传染源限定在较小的范围内

广大养猪户应本着对自己、对他人和对社会负责的精神，无条件的履行国家动物防疫法中规定的义务，主动自查、自检或积极配合兽

医防疫部门的农村基层检疫、市场检疫、运输检疫和屠宰加工检疫，及时发现和隔离传染源，切断传播途径。

（三）及时、正确处理病猪尸体

死于疫病的猪尸体，含有大量的病原体，并可随时污染外界环境，是疫病传播的主要来源，若不及时正确处理尸体，极易引起人畜患病，导致疫病的再次发生和流行。常采用的尸体处理方法如下。

1. 掩埋处理法

该法是目前使用广泛、简单易行、适用于恶性传染病的尸体处理方法，如猪瘟的病尸处理。应选择干燥、平坦，远离住宅、道路、水井、河流的偏僻地方，根据尸体的大小和数量，挖深 2 米以上的坑。尸体坑内先撒一层生石灰，埋好尸体后，用土夯实。

2. 焚烧处理法

该法处理病尸最彻底，效果也最好，但费用较大，适用于烈性传染病，如口蹄疫、炭疽病尸的处理。先挖一个十字形的土坑，深 1 米左右，坑底垫一些干草，洒上煤油，在草上再架几根铁棍，放些木柴，然后将病尸放于木柴上，周围再架一些木柴，并在尸体上覆盖湿草席，点火焚烧，彻底焚烧完后，掩土深埋。

3. 化制处理法

该法适用于严重的非恶性传染病和一般性疾病，以及寄生虫寄生过多的病尸处理。农村最常用的是土法化制，即利用普通铁锅熬油，其油脂作工业用。具体方法是先将病尸切成块，把大块放在锅底，小块和内脏放在上面，煮熬 6~8 小时，焖好过夜，撇出油脂，油渣作肥料。在大的屠宰场可用机械化制。

二、阻断疫病的传播途径

阻断疫病的传播途径的关键是对外界环境进行消毒、杀虫、灭鼠，阻止疫病的传播蔓延。

（一）消毒

消毒的方法有物理、化学和生物三种方法：物理消毒法包括清扫、日晒、风干和高温处理；化学消毒法则是利用化学药物进行消毒处理，是最常用的一种消毒方法；生物消毒法通常包括粪便、污水和其他废物的生物发酵处理等。

消毒的目的主要是消灭外界环境中、圈舍中、猪体表以及饲养设施、用药器械等上的病原体，切断疫病传播的途径。

1. 外界环境的消毒技术

（1）土壤消毒。对患病猪和疑似患病猪停留和生活过的地面，先除去垫草，铲除表土，清除粪便等排泄物，然后堆积发酵消毒。但对猪炭疽、破伤风等病的污物，必须予以焚烧处理。对较小面积或轻度污染的土壤，可用消毒剂消毒。常用的有 2%～4% 的烧碱、20% 的草木灰、10%～20% 熟石灰混悬液等。

（2）饮水消毒。可用煮沸、过滤或加漂白粉的方法进行消毒。消毒清水应加入有效氯不低于 16% 的漂白粉每立方米 6 克；根据混浊程度可递加到每立方米 8～10 克。

（3）粪便消毒。对既有较强的生命力，又有较大危害性的病原体，如炭疽杆菌、破伤风杆菌和猪瘟病毒等污染的粪便，应采取焚烧法；对患无芽孢病菌和一般性病毒病及寄生虫病的患猪排出的粪便，常用粪便自身发酵产生的生物热杀菌（毒、虫卵）消毒。一般采用挖池发酵和堆积发酵两种方法进行。前者根据粪便量的多少先挖池，再把清扫的粪便和污物倒入，在其上再盖一层健康猪的粪便或干草，然后用 3～5 厘米厚的泥土封好，经 80～90 天发酵后，可达到理想的消毒效果；后者是先在打算堆粪的地方挖 30～35 厘米深的平底坑，并垫上一层干草，然后堆一层干粪后，再掺和一些稀粪，堆成圆堆外抹一层泥，发酵 90 天左右，可达到杀菌消毒的要求。

2. 圈舍的消毒技术

消毒时关门闭窗，先用消毒剂喷洒消毒地面，再铲除污物，进行彻底清扫。清除的污物垃圾等先按粪便消毒法消毒，最后用消毒剂对圈舍顶棚、墙壁、饲槽、地面作喷洒消毒。常用的消毒药剂有：10%~20%的石灰乳、5%~20%的漂白粉溶液、2%~4%的烧碱、5%的来苏儿、20%的草木灰水、2%~4%的福尔马林、5%的氨水等。

3. 猪群体表的消毒技术

选择气温较高的天气进行消毒。首先让猪群吃饱，以免猪互相舔食时吃进药物，造成中毒。常用1%~3%的来苏儿溶液、1%的福尔马林溶液喷洒于猪群体表进行消毒，必要时可重复喷洒几次。但应避免将药液喷洒于眼、鼻和口内。

4. 饲喂器具的消毒技术

常用的消毒方法有煮沸法和蒸汽法。各种金属器具、木制器具，以及玻璃、陶瓷、棉麻制品，适用于煮沸消毒。一般煮沸30~40分钟，即可杀死普通病原体。被芽孢病菌污染的器具则需2小时，若在水中加入2%~5%石炭酸，可将时间缩短到15分钟左右。对耐热耐湿的器具，可用蒸汽法消毒。一般在水沸后30分钟就能杀死普通病原体，若在水中按水量加入2%的福尔马林，杀菌能力可明显增强。

常用化学消毒药的用法见下表。

表1-2 常用化学消毒药的用法

消毒剂	使用浓度	消毒对象	使用时应注意的事项
烧碱 石碱	1%~4% 4%	圈舍、地面、饲喂用具	对病毒性传染病消毒效果很好，但对皮肤有腐蚀作用。圈舍消毒数小时后，先用清水冲洗地面后，再放猪入内
石灰乳 （生石灰与熟石灰配）	10%~20%	圈舍、地面、饲喂用具	必须配成新鲜的乳剂。若用1%~2%碱水和5%~10%的石灰乳混合使用，消毒效果更好
草木灰	10%~30%	圈舍、饲喂用具	用2千克草木灰加10千克的水煮沸，过滤后备用。使用时再加2~4倍的热水稀释
漂白粉	0.5%~20%	饮水、污水、圈舍、饲喂用具、土壤、排泄物	浓度随消毒对象而定。含氯应在25%以上。对金属用具和衣物有腐蚀作用
乙醇	70%~75%	皮肤	

续表

消毒剂	使用浓度	消毒对象	使用时应注意的事项
碘酒	5%	皮肤、伤口	取碘 5 克，碘化钾 2.5 克溶于 48 毫升蒸馏水中，再加 95% 酒精至 100 毫升
来苏儿	2%~5%	手术器械、饲喂用具、洗手等	对含大量蛋白质的分泌物或排泄物的消毒，效果不够好。不能杀死芽孢
石炭酸	3%~5%	饲喂用具等	不适于含大量蛋白质的分泌物或排泄物的消毒
高锰酸钾	0.01% ~0.1%	黏膜、皮肤、污物消毒除臭；青饲料	不与新洁尔灭混用
福尔马林	5%~10%	圈舍、皮毛、金属和橡胶制品等，也可用于空气消毒	空气和皮毛消毒时用熏蒸法，剂量为 25 毫升/米^3，加水 1~2.5 毫升，加高锰酸钾 25 克（或生石灰）密闭消毒 12~24 小时后，彻底通风，再进猪
过氧乙酸	0.2%~ 0.5%	猪群体表、饲喂用具、圈舍等	有很强的腐蚀性和刺激性，配制时要先盛好水，再加入高浓度原药液，消毒完毕后，要用清水冲洗。也可与双氧水、浓硫酸配制用于熏蒸
灭毒净（有机酸制剂）	1:200~ 1 000	对泔水、饲料、饮水消毒，也可作饲料添加剂	储存期达 3 年，溶解后 14 天不影响消毒效果

（二）杀虫、灭鼠

虻、蝇、蚊、蚤等吸血昆虫和老鼠是传播疫病的重要生物媒介，杀虫和灭鼠在综合防治猪疫病方面意义十分重要。杀虫方法有物理和化学两种方法。前者包括火焰、干热、湿热、低温和机械拍打捕捉等法；后者利用化学药剂使虫体代谢发生障碍进行杀虫。若二者配合使用，收效较好。灭鼠的方法有防、捕、毒的方法。防，即经常堵塞鼠洞，搞好圈舍和环境卫生；捕，即使用鼠笼、夹、压板等手段捕捉；毒，即利用灭鼠药物进行毒杀。但无论是杀虫，还是灭鼠，都要注意人畜的安全，防止意外中毒事件的发生。

三、提高猪体对疫病的抵抗力

近年来，在广大农村由过去的自给自足养猪为过年，迅速发展到千家万户的规模化、集约化、商品化的经济时代，这就对疫病防治提出了更高的要求。一方面要加强平时的饲养管理，严格执行一般性的防治措施，密切注意猪群的健康状况和周围疫情流行情况，及时进行免疫预防接种，提高猪群整体抵抗疫病能力；另一方面，还要建立适于商品化生产的无病猪群，做到疫病防治心中有数，最终将病、死带来的损失降低到最低程度。在日常的饲养管理中，应从积极预防疫病、讲究卫生、科学免疫等方面，增强机体对疫病的抵抗能力。

（一）搞好饲养管理，预防疫病

饲养管理直接关系到猪群健康水平的高低。许多疫病的发病与否或病情的轻重，都与饲养管理及卫生条件等密切相关。因此，要认真搞好饲养管理。

第一，讲究卫生，使饲养猪群的环境尽量适宜于猪的健康，坚持对圈舍及活动场所进行定期消毒。无论青饲料或精饲料，都应保持无霉变饲喂，饮水新鲜清洁；饲喂及饮水等器具要坚持定期清洗和消毒；饲料避免单一，尽量做到多样化，保证足够的蛋白质、矿物元素和维生素等全价饲料，让猪群在生长发育过程中获得较全面的营养，强壮体质，降低对疫病的易感性。

第二，在有条件的情况下，增设一定的运动场地，使猪群得到必要的运动和日照，增强猪群体质。

第三，做到不同日龄大小和体质猪的分群饲养，避免强弱混养；合理育成和育肥，避免对育肥猪的过度追肥和不适当的长期育肥；对种猪要根据生理需要及时调整营养，有计划地配种繁殖，避免种母、公猪的过度利用。

（二）科学预防接种，防止疫病发生

预防接种能有效地提高猪群对传染病和寄生虫病的抵抗力，是猪疫病防治的有力措施之一。常用的预防接种有两类：一是细菌（病

毒、寄生虫）疫苗和类毒素，主要预防疫病的发生。它又包括活苗和死苗、单联和多联苗以及单价和多价苗之分。近年来，又出现了基因工程疫苗（亚单位疫苗和核酸疫苗）等，开始在预防接种中使用。二是免疫血清和抗毒素。它们是用病毒、细菌或细菌毒素，多次大剂量注射动物使之产生抗体后，所获得的血清制品，适于治疗和紧急预防接种。

许多传染病的发生都有一定的季节性。一般在每年的春、秋季要进行预防注射，接种常发传染病和寄生虫病疫苗，做到有计划的定期防疫，监测免疫效果，及时补针或加强免疫，确保防疫的密度、质量和防疫效果。

通常一种疫苗只能预防一种疫病，具体接种什么疫苗，要根据当地疫情的情况而定。如当地最常发生的传染病是猪瘟、猪丹毒、猪肺疫、仔猪副伤寒，那么一头猪至少要接种预防这四种病的疫苗。当然对一些烈性传染病，也要根据国家和当地政府的需要，进行预防接种，做到防患于未然。接种疫苗时应注意以下几点。

① 预防接种必须在疫病流行之前进行。疫苗接种到机体后，需要一个机体应答过程才能产生免疫力。一般活苗至少需 7 天，死苗需 14~21 天，才能发挥免疫作用。

② 对妊娠后期的母猪、极度瘦弱、未断奶的仔猪，正患病猪，最好暂时不进行预防接种。由于这类猪耐受疫苗的能力差，接种后容易引起不良反应。但必须作为补针对象随后进行接种，不能漏免。

③ 疫苗的储藏和运输都应按规定低温保存，禁止使用过期和质量不可靠的产品。在使用疫苗时应逐瓶检查疫苗名称、批号、有效日期等项目，观察疫苗的色泽及物理性状是否与说明书的记载相符；检查疫苗瓶是否破损及封闭效果；接种时严格按说明书进行，不要在高温环境下操作，也不能数苗同注。

④ 注苗器具应洗干净，高压灭菌或煮沸消毒后使用。操作中要建立无菌观念，严防污染，注射针头应每头猪一个，杜绝使用"通用针"。已经开瓶、稀释或使用过的疫苗，必须当天用完，剩余的疫

苗应焚烧处理，不许随意丢弃。因为有的疫苗是活毒或弱毒，对猪一般无感染性，但对其他畜禽则可能是强毒，乱抛乱撒，容易造成某些传染病的人为流行。

⑤ 使用后的疫苗器具都要煮沸后再作清洗处理，污物应按规定焚烧或深埋处理。

四、猪场建设与疾病控制

猪场场址选定必须要符合当地政府的产业规划、土地利用规划、环境保护等相关法规，满足将来猪场生产、管理、经营和防疫的需要、方便性等。应根据猪场性质、生产特点、生产规模、饲养管理方式及生产集约化程度等方面的实际情况，对地势、地形、土质、水源，以及周边环境、交通、电力、物资供应及当地气候条件等进行全面考虑，实行统筹规划、合理布局、综合利用。总之，猪场建设既要考虑防止周围环境对动物疫病防控的影响，也要考虑猪场对周边人群生活、环境特别是空气、土壤和水源的污染以及公共卫生安全的影响。

1. 猪场选址

在允许养殖用地的范围内选址。选择具有天然生物防疫屏障（山川、河流、湖泊）的地带建设是猪场选址需要考虑的最基本的条件，同时还要考虑建场后周边环境对猪场的影响。猪场应建在地势平坦干燥、背风向阳、相对安静偏僻的区域，在水、电、路等公共设施完善，排水顺畅、污染治理和综合利用方便的地方建场。应建在居民区常年主导风向的下风向或侧风向，避免气味、废水及粪肥堆放而影响居民区环境。要节约用地，尽量选用不宜耕作的土地，并为进一步发展留有余地。不能建在水源保护区、旅游区、自然保护区、环境污染严重、畜禽疫病常发区及山谷洼地等易受洪涝威胁的地区。

2. 周边环境

场界距离交通干线不少于 2 000 米（如果该道路交通量很大，应该更远）；距铁路、公路、城镇、居民区、学校、医院等公共场所

1 000米以上；距离其他畜禽养殖场或养殖小区1 000米以上；距屠宰场、畜产品加工厂、畜禽交易市场、垃圾及污水处理场所等区域2 000米以上；距河流200米以上。

选址环境必须经有资质的检测机构检测，且水源、土壤和大气等符合国家无公害产地环境质量标准，选址周围3千米内没有污染企业。

3. 水源

猪场饮用水，理想的水源是未受污染的山泉、溪流或湖泊中的活水，以及卫生达标的深井水或自来水。建议优先考虑地下水。50头自繁自养的猪场，每天需水量6~10吨。猪每头每天的总需水量与饮用量分别为：种公猪40升和10升，空怀、妊娠母猪40升和20升，泌乳母猪75升和20升，断奶仔猪5升和2升，架子猪15升和6升，育肥猪25升和6升。应收集当地近20年的水文资料，了解其区域降水量，尤其是历史上降雨量超大年份的情况，避免猪场建设后被水淹没。

4. 土质要求

土质选择应以未受病原微生物污染、质地均匀、抗压力强、基础稳固、透气性和透水性好、自净能力强、不易积水潮湿、有利于猪场清洁干燥和卫生防疫、有利于延长建筑物使用寿命为原则。

5. 地势要求

猪场选址应该依山傍水，四周有天然隔离屏障，地势要求有一定缓坡（北高南低，坡度1°~3°最好），但缓坡角度不要超过20°，便于排水排污。背风向阳（朝南偏东15°最好），有利通风，切忌把猪场修建在山窝里，空气不流通，不利于猪生长。场地平坦，开阔整齐，便于施工。地势高，利于排洪，保持猪舍内地面干燥。

6. 面积要求

自繁自养模式猪场，每头母猪需要的生产面积和附属区面积40~50米²/头母猪，污水处理面积16~20米²/头母猪，总面积55~70米²/头母猪。50头母猪需要5亩地，需要配套种植用地200亩。一般平整土地使用率为 50%，山地与丘陵地使用率为 30%。后备母猪每头占地 1~1.2 米^2、哺乳母猪每头占地 7.5~8.5 米^2、断奶仔猪每头占地 0.3~0.4 米^2、育肥猪每头占地 0.8~1.2 米^2、成年公猪每头占地 6~7 米^2。

7. 防疫设施

规模化猪场的场门口、生产区门口应建有消毒池，与门口等宽，长度不少于出入车轮周长的 1.5 倍，深度 15~20 厘米。在生产区门口要建有专用洗澡更衣室、车辆出入消毒设施及消毒水池等。

8. 场内布局

规模化猪场一般分为生产区、管理区、隔离区和生活区四个功能区，且各区独立设置。在生产区内清洁走道（净道）和污染走道（污道）应严格分开，其中净道主要用于动物转运、饲养员行走和饲料运输等，污道主要用于粪污等废弃物出场。根据当地主风向和流水方向的特点，生活区应建在生产区的上风前沿，生产区从上到下各类猪舍排列依次为：公猪舍、母猪舍、哺乳猪舍、仔猪舍、育肥舍、病猪隔离舍等。兽医室及病猪隔离舍、解剖室、粪便处理场在生产区的最下风向低处。饲料加工调制间在种猪舍与肥猪舍之间，有条件的最好将繁育场与育肥场分开建设。病畜禽无害化处理区以及畜禽粪便、废水和其他固体废弃物综合利用等环保处理设施应分开设置。

猪病诊疗实用技术

第一节　猪病诊断的实用技术

根据病猪表现的临床症状、组织器官的变化、疫病流行情况，尽可能准确地认识猪病的发生过程和致病原因，进而制定合理、有效的防治措施的全过程，称为猪病诊断。

在进行猪病诊断时，要认真搜集临床资料。掌握疾病发生、发展和终结的规律性材料，并进行综合分析，初步确定是传染病还是普通病，是新发病还是以往病的反复，以求尽可能的初步诊断，力争早期控制和扑灭猪病或疫情。若怀疑是恶性传染病时，需立即向当地兽医卫生行政部门通报病情或疫情，以期尽快诊断、隔离和扑灭。

一、了解病史，分析病因

了解猪在饲养管理过程中的饲喂情况、发病经过及其治疗经过，进而分析病因是猪病诊断的重要内容之一。

了解饲养管理情况时，应掌握病前饲喂草料的种类、来源、品质、调制方法，配合比例，以及饮水卫生，饲喂方法和环境卫生状况等；了解发病经过时，要掌握发病的时间、发病的数量和病猪的病情表现，以及治疗情况、效果等，是进一步诊断和治疗的重要参考。

猪病发生的原因，包括猪体自身和外界致病因子两方面。当猪体质较弱时，其抵抗力下降，往往容易发病。此外，饲养管理不善、饲草料调配不当、饲喂霉变饲料，也可导致猪病的发生。在调查了解时，还应了解发病前猪群疫苗接种情况，包括种类及注射时间；了解猪场附近的疫情和发病情况，同圈猪及附近猪场或养殖户的猪是否发病及其症状、治疗情况等。但这些资料仅作为初步诊断的依据，要确诊必须进行实验室检查和鉴定。

二、临床检查

猪的临床检查，多以视诊为主，观察分析其整体健康状况。重点检查猪的发育程度、营养状况、精神状态、运动行为、消化与排泄情况（表2-1）。通过对口腔、鼻盘、眼结膜、腹部外形、肛门和尾部的姿态的检查，判断猪的健康状况。此外，通过听诊、触诊、叩诊和问诊，以及体温检查，了解猪机体各部位及脏器的功能状态，在临床诊断上十分重要。尤其是测定体温、脉搏及呼吸次数等项生理指标，常根据其规律性变化提示某些猪病发生的可能性。

表 2-1　病猪常见的临床表现

检查项目	健康表现	发病表现	可能的疾病
精神状况检查	精神旺盛、行动活泼、自由觅食、哼叫平稳、遇外界刺激敏感	精神沉郁、呆立独处、严重时昏睡或昏迷、行动困难、或盲目行走、跛行，发出痛苦的鸣叫或呻吟	病症较多，病因复杂
皮肤检查	皮肤及被毛光滑、整洁，无异常斑点	皮肤发红，充血、出血，呈小点状散发性发红；斑点状发红；淡红色或暗紫色的、形状大小不一的疹块	多见于猪瘟猪肺疫猪丹毒（俗称打火印）

检查项目	健康表现	发病表现	可能的疾病
口腔黏膜和眼结膜	口腔黏膜和眼结膜通常呈粉红或桃红，色泽均匀，适度湿润，表面光滑	口腔黏膜潮红，口臭，舌面有糠麸样舌苔； 眼结膜发红、充血或呈紫红色； 眼结膜苍白	胃肠炎 易患中暑、肺炎、热性传染病、肠炎等 常见于大出血、贫血和寄生虫病
鼻盘检查	湿润	干燥； 鼻腔流出分泌物过多	体温升高性疫病 呼吸器官性病症
腹部、臀部检查	腹围平整均匀，臀部无粪便污染	臌胀，腹痛起卧，或腹部缩小，臀部及后肢被粪便污染	病症较多
粪便	软硬适中，色随饲喂的饲料有关，但稳定	拉稀或便秘，发白、发黄或发红	仔猪白痢、黄痢或胃肠道出血等

三、病理剖检

当在猪群中发生群发性或流行性疫病时，及时对典型患猪或尸体进行病理解剖，根据发现的特征性病变，做出初步诊断，对疫病的快速诊断具有重要意义。在某些猪病，单靠病理解剖，便能诊断。

在进行剖检前，要先进行外部检查，然后使猪仰卧，沿腹中线切开腹壁，暴露全部脏器，检查腹腔各脏器的位置和大小有无异常。若需要作病原学检查的病例，可采用无菌操作法取病料送检（表2-2）。再按肝、脾、肾、胃、肠的顺序，分别摘除脏器进行检查；随后沿剑状软骨向前切开左右两侧的肋软骨联合，暴露胸腔，依次检查颈下及颌部皮肤和肌肉、舌、喉、气管、食道以及心脏、肺脏等脏器。同时要观察体表淋巴结的变化。

总之，诊断猪病时，应以尽可能详细准确的临床检查为依据，配合必要的流行病学调查及必要的病理剖检，进行综合诊断分析，才能达到确诊。

表 2-2 常见疫病剖检猪尸应采的病料

疑似诊断的疫病	生前应采的病料	死后应采的病料
猪巴氏杆菌病		送检整个尸体或有病变的肺、肝、长骨和心血涂片
布氏杆菌病	羊水、子宫胎膜、胎盘及阴道分泌物；仔猪关节部肿胀液；血液	送检整个胎儿或流产胎儿的胃及内容物
猪瘟、仔猪副伤寒、气喘病		送检整个尸体或肺、肝、脾、肾及淋巴结；胆囊、膀胱、回盲瓣部肠管及有病变的淋巴结
猪丹毒	皮肤红斑及发疹部的渗出液	送检整个尸体或肾、肝、脾、心血、心内膜疣状物；尸体腐败可取长骨
猪大肠杆菌病		送检整个尸体或腹腔中的所有脏器
猪炭疽	临死前采末梢血液、水肿部的水肿液或炭疽痈中流出液及坏死组织	血液及脾脏，并做血涂片；尸体腐败可取长骨

四、实验室诊断

在上述诊断方法仍不能做出明确诊断时，应请兽医专业实验室进行实验室诊断。目前的实验室诊断技术主要有：病原的镜检、分离鉴定、聚合酶链式反应（PCR）技术系列、酶联免疫吸附试验（ELISA）技术系列、免疫组化、胶体金试纸条、环介导等温扩增（LAMP）、基因/蛋白芯片检测技术、生物传感器技术、化学免疫学技术以及远程网络诊断技术等。

第二节 猪病治疗实用技术

猪病治疗时，既要本着遵守兽医学的要求，按综合防治疫病的原则，同时要结合当地的经济条件因地制宜地进行治疗，做到早期、准确、及时而有效地治疗。由于猪具有其特殊的生物学习性，因此治疗猪病时应掌握其特殊的治疗技术，达到事半功倍的效果。

一、病猪的保定技术

对病猪诊断后，一般的普通病和非恶性传染病都要进行相应的灌药或注射等治疗措施。在治疗时，为了安全、准确、快速和操作方便，常需对猪进行保定。

（一）保定前的捕捉方法

对仔猪一般由身后迅速出手，抓住猪的一后肢并将其悬空提起。为避免病猪骚动，可将同一后肢的膝皮抓住，把猪放倒，压住颈部及后躯；对较大的育成猪，可用绳套将猪捕捉，也可以用捕猪网捕捉。

（二）抓耳提起保定法

先用双手迅速抓住猪的两耳，将头斜提起，再用双腿挟住猪的背腰部。该法多用于仔猪。

（三）后肢提起保定法

用双手抓住猪的后腿，向上提起，使猪倒悬，然后用双腿的膝部挟住猪的背部即可。该法适用于腹腔注射保定。

（四）横卧保定法

先由一人抓住猪的一侧后肢，另一人抓住猪的同侧耳朵，两人同时用力，将猪放倒，用腿压在背部即可。适用于中猪的注射和手术治疗。

（五）上颌保定法

常用于育成猪和体格较大的种猪。用2米长的绳子，在绳子的一端打成直径为15~20厘米的活结，套在猪的上颌犬齿的后方，绳子的一端固定在柱子上，由于猪本能地向后退，使绳套固定更紧。

二、病猪的灌药技术

病猪灌药的方法一般有徒手法、胃管法和舔食法三种。徒手灌药时，要注意不要把猪的头仰得太高，最好在猪暂停挣扎鸣叫时，将药液缓慢地灌服。防止在灌药时猪的突然嘶叫，更不能猛灌，以免将药误灌入肺，造成意外事故。胃管灌药时，一般多采用上颌保定法。在患猪口中横插一块中间开一圆形孔道的厚木板，作为开口器。然后把涂有润滑剂（清油、石蜡油等）的胃管经开口器的圆孔送入，直达咽部。如送胃管有阻力，可轻轻抽动胃管，诱猪产生吞咽动作，然后随吞咽将胃管送入食道。在确信送入后，可在胃管外端连接漏斗，进行灌服。在舔食灌药时，用一个光滑的长条木板制成舔板，先把药研磨与面糊调匀，再用木棒撬开猪嘴，用舔食板取药糊，涂在猪舌根部，然后取出木棒，使其自然吞下。

三、病猪的药物注射技术

对病猪进行治疗时，可将药液直接注入体内，使药物迅速吸收，较快地发挥药效，适用于救治危重症患病猪。同时临床还把一些在胃肠道不易吸收，或能造成消化器官刺激性损伤，以及易被消化酶所破坏的药物，都需通过注射途径给药，因此掌握注射技术十分必要。

（一）皮下注射法

该法应选择耳根或股内侧皮下，避开粗大的血管和神经密集的分布区。先把注射的部位用碘酒涂擦消毒后，再用左手指将皮肤提起，形成一个皱襞部，右手握注射器，把针斜向皱襞部刺入皮下，将药液推入。注射完毕后，迅速拔出针头，并用酒精或碘酒棉球轻轻按压消毒。但该方法要求药物刺激性小，药量不能太大。若药量大时，应分点注射。

（二）肌内注射法

该法在临床上最常用。注射部位多选在血管和神经较少的臀部、耳后颈部或后肢部等部位的较大块的肌肉上。注射时使针头与皮肤垂直，并迅速进针，将药液注入。起针时，用左手捏酒精棉球按住针孔，迅速拔出针头即可。

（三）静脉注射法

该法是将药液直接输入血液中，使其迅速发挥药效。注射时，必须做到无菌、无混浊、无致热原。常用的部位是耳静脉。操作时，首先保定好病猪，用手指按压耳根静脉使之臌起后，注射器向耳根方向

进针刺入血管。若针头在血管中毫无阻力，把注射栓轻轻回抽时，见有血液回流，则可松开按压于耳根上的手，缓缓输入药液即可。注射完后，用酒精棉球按压针孔，以防药液或血液回流外溢。

静脉注射时要特别注意排尽注射器内的空气。冬春季节应把药液加温到体温温度。对刺激性较大的应避免注入皮下，以防引起组织坏死。

（四）腹腔注射法

该法多在静脉注射有困难时使用，并常用于仔猪。采用后肢提起法保定患猪，操作者用双腿挟住仔猪前躯，在耻骨前缘 3~6 厘米中线外侧剪毛消毒，然后将针头垂直刺入腹腔，注入药液。对大猪则采用侧卧保定，用手提起后腹皮肤，进行注射。

第三节　猪病的中医诊疗法

中兽医诊疗法是我国人民长期与家畜疾病做斗争经验的科学总结，具有独特的理论体系及丰富的病证技术，应用该技术对猪病进行诊疗，能起到特殊的治疗效果，是广大养猪户不可缺少的防治疾病的实用技术。它主要是通过辨证论治中的辨证即望、闻、问、切四种诊法应用到临床，由此获得病猪的症状和病情，并加以综合分析，对猪病进行正确认识；然后根据对猪病的认识，确定相应的治疗原则与方法，总之，辨证论治总体上包括诊疗理论、治疗原则，也考虑到方药和其他药物特性，以及机体经络、穴位理论等，是一门完整的科学体系，但对一般的养猪户来讲不易掌握，需兽医专业人员协助开展此项工作。

一、诊法

（一）望诊

望诊是有目的地观察病猪的精神、体质和姿势，以及分泌物、排泄物的变化，然后进行分析，从中得出病猪病情的轻重缓急以及预后诊断的总体印象。

望诊时，首先对病猪全身各部位做一般性的观察，注意猪的精神、营养、呼吸、腹围、体质、站立及行走姿势等状态，观察是否有异常表现。在寒证病猪，多表现精神倦怠，弓腰耷头，被毛逆立，口流清涎；热证病猪，则精神沉郁，行走如痴，气促喘粗，粪干成球状；病猪体壮而病的，多为初病；毛焦欹吊的，则大多是久病。初病猪多为表证、实证，而久病患猪则多为里证、虚证；当病猪躺卧不起，声音嘶哑，四肢发凉时，多属危证。此外，口色的变化代表着猪机体内部的气血的盛衰和脏腑的虚实。观察时，主要看口舌面和口角。口色白，主虚证，为气血不足。淡白为血虚；苍白为气血极度虚弱，前者多见于脾胃长期虚弱的营养不良症、仔猪贫血、虫积和内伤杂症等；后者常见于严重的虫积和内脏出血等。口色赤红，主热证，为气血趋向于外的反应。微红多见于轻度热证；赤红或鲜红多见于热性感染性猪病的初、中期；深红则伴有津少舌干，津液发黏，呼吸迫急，为热病已入营血，是极热伤阴或气滞血瘀的反映，多见于便秘、中毒和气喘病的患猪。口色青，主寒、主痛、主风，多为感受寒邪及疼痛的象征。青白多见于脏腑虚寒、胃虚、脾寒、外感风寒、脾虚泻泄；青黄多见于寒湿困脾、冷肠泻泄；青紫滑润多见于阴寒腹痛的患猪。口色黄，主湿，多为肝、胆、脾的湿热引起。淡黄多见于消化不良等；黄如橘色多见于肝病、肝胆阻塞及血液病变的患猪。

（二）闻诊

闻诊是通过听觉、嗅觉了解病猪病情的一种诊断方法，它包括耳闻声音和鼻嗅气味两个方面。

1. 耳闻声音

健康猪一般在求偶、呼群、唤仔、饥渴或遭受突然刺激时，往往发出洪亮而有节奏的叫声。在猪患病过程中，其叫声有变化。声宏者属阳，多为正气未衰，病较轻；而嘶哑低微者属阴，多为正气已衰，病较重；健康猪一般不咳嗽，若咳嗽则是肺部疾病的一个重要症状。

咳嗽声音宏大有力的，多见于外感肺热；咳声低弱者，多见于肺炎、胸膜炎等病的衰弱期。健康猪呼吸喘气平稳。但患病时，则发出明显的喘息声，有的还呻吟和磨牙，此为病情危重的象征。患疼痛性疾病时，常表现为呻吟和磨牙。健康猪的小肠蠕动音如潺潺溪水流动，大肠音则如远雷轰鸣，有一定的节律。若肠音如响雷声，则多为肠中虚寒；肠音减少，多为胃肠积滞，属实证。肠音消失，多见于便秘。

2. 鼻嗅气味

健康猪口中不散发异常气味。患病猪口有热臭味时，多为胃腑有热。有酸臭味时，常为胃内积食，消化不良症。痰涕有异常的病猪，多为肺部有病。气味腥臭时，多见于肺痈等病；正常猪粪便软硬、气味适中。当粪便气味不显著，且便稀软带水，多属脾虚泻泄。气味酸臭时，多属伤食。若粪便腥臭难闻，属湿热证，往往见于痢疾等。

（三）问诊

问诊的主要内容有：发病及诊疗经过、饲养管理等情况、病猪的来源及周围的疫病情况、以往发病情况等。这与西医的了解病史情况一致，不再详述。

（四）切诊

切诊主要包括切脉和触诊两部分，由于切脉是一个专业性很强的技术，养殖者不易掌握，故只介绍触诊技术。

触诊是对猪的各部位进行触摸按压，以探察冷热温凉、软硬虚实、局部形态及疼痛感觉，为辨证论治提供资料，同时结合其他诊断法来判断什么部位患了何病症。

二、辨证

辨证是将四诊所得到症状资料，根据其内在的联系，归纳为寒、热、虚、实、表、里、邪、正等证，再归属阴阳两大类。一般在中兽医临床上，常把寒、虚、里、邪等证归纳为阴；而把热、实、表、正等证归纳为阳。寒证与热证用以辨别疾病的性质；虚证与实证用以辨别机体的正邪之气消长和病邪的盛衰；表证与里证用以辨别病猪的患病部位及病势的深浅；正证与邪证则可辨别猪是否患病。这种辨证方法即所谓的八证论，它是中兽医学辨证和指导临床疗法的基本方法。

三、治则和治法

（一）治则

在猪病治疗过程中，中兽医总是从病猪的实际出发，因时、因地、因病猪制宜，把猪的患病与天气、地理环境和猪的体质情况联系在一起，进行辨证诊治。

（二）治法

治法讲究缓则治本，急则治标。所谓标本，是指治疗猪病过程中的先后主次，先病旧病为本，后病、新病为标。如果在标病和本病都很严重，或都不严重时，则采用标本同治的方法。

中兽医治疗猪病的临床用药，归纳为表（汗）、吐、下、和、温、清、补、消等八种方法，可向中兽医大夫请教，共同给药治疗。

第四节　常用药物

一、常用中药

（一）清热药

凡能清热泻火、解毒凉血、清除里热的中药，叫作清热药。这类药一般药性寒凉味辛苦，多易伤脾胃，对脾胃虚弱，食少泻泄、阳气衰微者慎用。临床上根据清热药在性味上的差别又分为清热降火、清热燥湿、清热解毒、清热凉血四类。

（1）清热降火药。主要有知母、栀子、玄参、石膏和芦根等。

（2）清热燥湿药。主要有黄连、黄柏、黄芩、龙胆草、茵陈和苦参等。

（3）清热解毒药。主要有黄药子、白药子、连翘、金银花、蒲

公英、板蓝根和败酱草等。

（4）清热凉血药。主要有生地、丹皮、地骨皮、白茅根、白头翁和赤芍等。

主要方剂如下。

白虎汤

【组成】石膏（打碎先煎）250克、知母60克、甘草45克、粳米100克，水煎至米熟，去渣用汤灌服。

【功效】清热生津。

【主治】实热证。症见高热，大汗，口渴贪饮，舌红苔黄，脉洪大有力。本方可用于治疗乙型脑炎、肺炎、中暑等热性病。

黄连解毒汤

【组成】黄连45克、黄芩45克、黄柏45克、栀子60克，为末，开水冲调，候温灌服，或煎汤服。

【功效】泻火解毒。

【主治】三焦火毒证。症见火热烦躁，甚则发狂，或见出血，发斑，疮疡肿毒等。

清肺散

【组成】板蓝根90克、葶苈子60克、浙贝母45克、甘草30克、桔梗45克，为末加蜂蜜调服。

【功效】清泻肺火，止咳平喘。

【主治】肺热咳喘证。症见气促喘粗、咳嗽、口干、舌红、脉洪数。

郁金散

【组成】郁金45克、诃子30克、黄芩30克、大黄45克、黄连30克、栀子30克、白芍20克、黄柏30克，为末，开水冲调，候温灌服。

【功效】清热解毒，涩肠止泻。

【主治】肠黄。症见泄泻腹痛，荡泻如水，赤秽腥臭，发热黄疸，舌红苔黄，渴欲饮水，脉数。

白头翁汤

【组成】白头翁 90 克、黄柏 45 克、黄连 45 克、秦皮 45 克，水煎灌服。

【功效】清热解毒，凉血止痢。

【主治】湿热痢疾，热泻等。

（二）解表药

凡能发散肌表外邪，解除表证的中药，称作解表药。这类药一般药性温热味辛，具有发散的通性。临床上分辛温和辛凉两类解表药，并要求对机体虚弱、津液不足的患猪忌用解表药。若必须用时，则要配伍补养药，采用扶正发表并施的方法。

（1）辛温解表药。主要有麻黄、荆芥、生姜、细辛、桂枝、防风和白芷等。

（2）辛凉解表药。主要有升麻、柴胡、菊花、薄荷和葛根等。

主要方剂如下。

麻黄汤

【组成】麻黄（去节）45 克、桂枝 30 克、杏仁 45 克、炙甘草 15 克，水煎，候温灌服；或为细末，稍煎，候温灌服。

【功效】发汗解表，宣肺平喘。

【主治】外感风寒表实证。症见恶寒发热，无汗咳喘，苔薄白，脉浮紧。

桂枝汤

【组成】桂枝 45 克、白芍 45 克、炙甘草 40 克、生姜 60 克、大枣 60 克，水煎，候温灌服；或为细末，稍煎，候温灌服。

【功效】解肌发表，调和营卫。

【主治】外感风寒表虚证。症见恶风发热，汗出，鼻清涕，舌苔薄白，脉浮缓。

银翘散

【组成】金银花 45 克、连翘 45 克、淡豆豉 30 克、桔梗 25 克、荆芥穗 30 克、竹叶 20 克、薄荷 30 克、牛蒡子 30 克、芦根 30 克、

甘草20克，为末，开水冲调，候温灌服，或煎汤服。

【功效】疏散风热，清热解毒。

【主治】外感发热无汗或微汗，微恶风寒，口渴咽痛，咳嗽，舌苔薄白或薄黄，脉浮数。

（三）泻下药和逐水药

凡能引起腹泻或通便的中药，称作泻下药；凡能通利逐水湿的中药称作逐水药。临床上通常把泻下药和逐水药配伍使用，以增强这两类药的逐水和破瘀效力。在治疗中对久病弱猪和孕猪慎用，一般不使用烈性泻下和逐水药。

（1）攻下药。主要有大黄、朴硝、番泻叶和巴豆等。

（2）润下药。主要有火麻仁、郁李仁、麻油和蜂蜜等。

（3）逐水药。主要有大戟、甘遂、牵牛子和芫花等。

主要方剂如下。

大承气汤

【组成】大黄60~90克（后下）、厚朴45克、枳实45克、芒硝150~300克（冲），水煎服或为末开水冲调，候温灌服。

【功效】泻热攻下，消积通肠。

【主治】结症。症见粪便秘结，腹胀腹痛，二便不通，津干舌燥，苔厚，脉沉实等。

当归从蓉汤

【组成】当归200克（油炒）、肉苁蓉100克（酒炒）、番泻叶60克、广木香15克、厚朴30克、炒枳壳30克、醋香附30克、瞿麦15克、通草10克、六曲60克，水煎取汁，候温加麻油250~500克，同调灌服。

【功效】润燥滑肠，理气通便。

【主治】老弱、久病、体虚动物便秘。

大戟散

【组成】大戟30克、滑石60克、甘遂30克、牵牛子45克、黄芪45克、芒硝100克、大黄60克、巴豆霜5克，为末加猪油250

克，调灌。

【功效】峻下逐水。

【主治】牛水草肚胀。症见肚腹胀满，口中流涎，舌常吐出口外。

（四）渗湿利水药

凡能促进体内水湿向外排泄，通利小便的中药，称作渗湿利水药。这类药性味一般苦寒咸，适于治疗体内水湿不能外泻或湿热产生的浮肿、胀满、小便不利或赤涩以及黄疸等症。这类药用量大时，易伤阳耗津，对阴虚的病猪需配合补养药使用。主要的中草药有：车前子、木通、猪苓、通草、滑石、瞿麦和地肤子等。

主要方剂如下。

五苓散

茯苓、猪苓、泽泻、白术、桂枝。治头痛发热，口燥咽干，烦渴饮水，水入即吐，小便不利。

茵陈蒿汤

茵陈、栀子、大黄。治伤寒八、九日，身黄如橘子色，小便不利，腹微满者。

胆郁通

茵陈、郁金、甘草。治急性传染性肝炎。

（五）化痰止咳平喘药

凡能祛化痰涎，减轻或制止咳嗽，平定喘息的中药，称作化痰止咳平喘药。临床上根据其差异分为止咳平喘药、化痰降气药、润肺化痰止咳药和清肺化痰止咳药四种。使用时，根据其病因和病情，灵活配伍。

（1）止咳平喘药。主要有桔梗、冬花和马兜铃等。

（2）化痰降气药。主要有半夏、白芥子和天南星等。

（3）润肺化痰药。主要有瓜蒌、天花粉、贝母和麦冬等。

（4）清肺化痰止咳药。主要有沙参、葶苈子和天竺黄等。

主要方剂如下。

二陈汤

【组成】制半夏 45 克、陈皮 45 克、茯苓 60 克、炙甘草 25 克，水煎服或为末，开水冲调，候温灌服。

【功效】燥湿化痰，理气和中。

【主治】湿痰咳嗽，呕吐。

止嗽散

【组成】荆芥 30 克、桔梗 30 克、紫菀 30 克、百部 30 克、白前 30 克、陈皮 25 克、甘草 15 克，为末，开水冲，候温灌服。

【功效】止咳化痰，疏风解表。

【主治】外感咳嗽。

麻杏石甘汤

【组成】麻黄 30 克、杏仁 45 克、石膏 250 克、甘草 45 克，为末，开水冲调，候温灌服，或煎汤服。

【功效】宣肺，清热，平喘。

【主治】外感风热，肺热气喘。

（六）理气药与消食药

凡能行气止痛，疏肝解郁的一类中药，称作理气药。凡能加强消化机能，宽中解胀的一类中药，称作消食药。

（1）理气药。主要有枳实、厚朴、砂仁、青皮、陈皮、香附和乌药等。

（2）消食药。主要有山楂、麦芽、神曲和鸡内金等。

主要方剂如下。

橘皮散

【组成】青皮 25 克、陈皮 30 克、厚朴 30 克、桂心 15 克、细辛 5 克、茴香 30 克、当归 25 克、白芷 15 克、槟榔 15 克，研末加葱、盐、醋调服。

【功效】理气活血，暖肠止痛。

【主治】伤水腹痛起卧证。症见回头观腹、起卧、肠鸣如雷、口色青淡、脉象沉涩。

平胃散

【组成】苍术 60 克、厚朴 45 克、陈皮 45 克、甘草 24 克、生姜 20 克、大枣 30 克，研末灌服。

【功效】燥湿健脾，行气和胃。

【主治】湿滞脾胃、慢草。

三香散

【组成】丁香 25 克、木香 45 克、藿香 45 克、青皮 30 克、陈皮 45 克、槟榔 15 克、炒牵牛子 45 克，水煎灌服。

【功效】破气消胀，宽肠通便。

【主治】胃肠鼓气。

曲麦散

【组成】六曲 60 克、麦芽 45 克、山楂 45 克、甘草 15 克、厚朴 30 克、枳壳 30 克、青皮 30 克、苍术 30 克、陈皮 30 克，为末加生油、白萝卜调服。

【功效】消积化谷，破气宽肠。

【主治】治料伤。症见水谷停滞，精神倦怠，肚腹胀满，口色鲜红，脉洪大。

消积散

【组成】炒山楂 15 克、麦芽 30 克、神曲 15 克、炒莱菔子 15 克、大黄 10 克、元明粉 15 克，研末开水冲服。

【功效】消积导滞，下气消胀。

【主治】猪伤食积滞。

（七）理血药

凡能治理血液性疾病的中药，称作理血药。这类药又分为行血药和止血药。前者主要用于淤血、疼痛、创伤等症；后者多用于尿血、便血等症。行血药多破瘀剧烈，对血虚病猪及孕猪慎用。而止血药多有留瘀之弊，临床上在出血症初多与行血药配伍。

（1）行血药。主要有川芎、益母草、桃仁、牛膝、没药和乳香等。

（2）止血药。主要有仙鹤草、白芨、地榆和侧柏叶等。
主要方剂如下。

桃红四物汤

【组成】桃仁 45 克、当归 45 克、赤芍 45 克、红花 30 克、川芎 20 克、生地 60 克，水煎服，或共为末，开水冲调，候温灌服。

【功效】活血化瘀，补血止疼。

【主治】血瘀所致的四肢疼痛，产后血瘀腹疼及瘀血所致的不孕症等。

红花散

【组成】红花 20 克、没药 20 克、桔梗 20 克、神曲 30 克、枳壳 20 克、当归 30 克、山楂 30 克、厚朴 20 克、陈皮 20 克、甘草 15 克、白药子 20 克、黄药子 20 克、麦芽 30 克，研末灌服。

【功效】活血理气，消食化积。

【主治】料伤五攒痛。

生化汤

【组成】当归 120 克、川芎 45 克、桃仁 45 克、炮姜 10 克、炙甘草 10 克，煎汤加黄酒 250 毫升，童便 250 毫升，调服。

【功效】活血化瘀，温经止痛。

【主治】产后腹痛，恶露不尽，难产，死胎等。

槐花散

【组成】炒槐花 100 克、炒侧柏叶 50 克、荆芥炭 30 克、炒枳壳 30 克，共为末，开水冲，候温灌服。

【功效】清肠止血，疏风下气。

【主治】肠风下血，血色鲜红或晦暗，粪中带血。

秦艽散

【组成】秦艽 30 克、炒蒲黄 30 克、瞿麦 30 克、车前子 30 克、天花粉 30 克、黄芩 20 克、大黄 20 克、红花 20 克、当归 20 克、白芍 20 克、栀子 20 克、甘草 10 克、淡竹叶 15 克，共为末，开水冲，候温灌服，亦可煎汤服。

【功效】清热通淋，祛瘀止血。

【主治】热积膀胱、努伤尿血。症见尿血，努气弓腰，头低耳聋，草细毛焦，舌质如绵，脉滑。

（八）芳香开窍药

凡具有芳香气味，开窍行气，去浊祛邪和兴奋机体机能的中药，称作芳香开窍药。该类药适于神志昏迷和急症，但在救治苏醒后，对机体虚弱者禁用。主要有菖蒲、麝香、樟脑等。

（九）温里药

凡能温中，祛除里寒的中药，称作温里药。这类药一般辛温，能使寒滞宣散，阳气恢复，兼有行气止痛作用。临床上主要治疗肠鸣泻泄，胸腹冷痛，四肢厥冷，脉微等症。但温里药易伤阴，故对热病及阴虚者慎用。主要有肉桂、丁香、干姜、附子和吴茱萸等中药。

主要方剂如下。

理中汤

【组成】党参90克、白术45克、干姜45克、炙甘草30克，水煎服，或共为末，开水冲调，候温灌服。

【功效】补气健脾，温中散寒。

【主治】脾胃虚寒证。症见慢草不食，腹痛泄泻，口不渴，舌苔淡白，脉象沉细或沉迟。

茴香散

【组成】茴香30克、肉桂20克、槟榔10克、白术25克、巴戟天25克、当归30克、牵牛子10克、藁本25克、白附子15克、川楝子25克、肉豆蔻15克、荜澄茄20克、木通20克，共为末，开水冲调，候温加炒盐，醋调灌服。

【功效】暖腰肾，理气活血止痛。

【主治】寒伤腰胯痛。症见腰背紧硬，胯跛腰拖，卧地难起。

（十）祛暑药

凡能解除暑热的中药，称作祛暑药。主要有藿香和青蒿等中药。

（十一）祛风止痛药

凡能祛除停留在肌表和凝滞在经络中的风邪，能调畅气血和止痛的中药，称作祛风止痛药。这类药大多辛温，临床上多用于治疗风寒湿痹，肢体痛，痉挛等症。但祛风止痛药易伤阴，故对阴血两虚病猪慎用。主要有独活、苍术、乌头、木瓜等中药。

主要方剂如下。

独活寄生汤

【组成】独活 30 克、防风 25 克、桑寄生 45 克、细辛 12 克、当归 30 克、白芍 25 克、桂心 20 克、杜仲 30 克、秦艽 30 克、川芎 15 克、熟地 35 克、牛膝 30 克、党参 30 克、茯苓 30 克、甘草 20 克、白酒 60 克，水煎灌服。

【功效】益肝肾，祛风湿，止痹痛。

【主治】腰腿四肢疼痛，关节屈伸不利。

五苓散

【组成】猪苓 30 克、茯苓 30 克、泽泻 45 克、白术 30 克、桂枝 25 克，研末灌服。

【功效】健脾除湿，利水化气。

【主治】小便不利、水肿、泄泻等。

八正散

【组成】木通 30 克、瞿麦 30 克、车前子 45 克、萹蓄 30 克、滑石 10 克、大黄 25 克、栀子 25 克、灯心草 10 克、甘草梢 25 克，研末灌服。

【功效】清热泻火，利水通淋。

【主治】热淋、石淋、血淋等。

藿香正气散

【组成】藿香 60 克、紫苏叶 45 克、茯苓 30 克、白芷 30 克、大腹皮 30 克、陈皮 30 克、桔梗 25 克、白术 30 克、姜汁制厚朴 30 克、半夏 20 克、甘草 15 克，研末，生姜、大枣煎水冲调灌服。

【功效】解表化湿，理气和中。

【主治】外感风寒，内伤湿滞。症见发热恶寒，肚腹胀满、泄泻，舌苔白腻，或见呕吐。

（十二）安神镇惊药

凡能安神定心，镇惊祛风的中药，称作安神镇惊药。这类药多用于治疗惊悸，中风抽搐等症。主要有酸枣仁、远志、天麻和白僵蚕等中药。

主要方剂如下。

朱砂散

【组成】朱砂（另研）10克、党参45克、茯神45克、黄连30克，共为末，开水冲，候温灌服。

【功效】重镇安神，扶正祛邪。

【主治】心热风邪。症见全身出汗，肉颤头摇，气促喘粗，左右乱跌，口色赤红，脉洪数。

通关散

【组成】猪牙皂角、细辛各等份，共为极细末，和匀，吹少许入鼻取嚏。

【功效】通关开窍。

【主治】高热神昏，痰迷心窍。症见猝然昏倒，牙关紧闭，口吐涎沫等。

（十三）平肝明目药

凡能祛除肝邪，消退眼翳障的中药，称作平肝明目药。临床上常用于治疗肝经风热，眼肿流泪，云翳遮睛，怕光羞明等症。主要有谷精草、石决明和密蒙花等中药。

主要方剂如下。

决明散

【组成】煅石决明45克、草决明45克、栀子30克、大黄30克、白药子30克、黄药子30克、黄芪30克、黄芩20克、黄连20克、没药20克、郁金20克，煎汤候温加蜂蜜100克、鸡蛋清4个，同调灌服。

【功效】清肝明目，退翳消瘀。

【主治】肝经积热，外传于眼。症见目赤肿痛，云翳遮睛，口色赤红，脉象弦数。

镇肝息风汤

【组成】怀牛膝90克、生赭石90克、生龙骨45克、生牡砺45克、生龟板45克、生杭芍45克、玄参45克、天冬45克、川楝子15克、生麦芽15克、茵陈15克、甘草15克，水煎服，或共为末，开水冲调，候温灌服。

【功效】镇肝息风，滋阴潜阳。

【主治】阴虚阳亢，肝风内动。症见口眼歪斜、转圈运动或四肢活动不利、痉挛抽搐、脉弦有力。

（十四）补养药

凡能补气血，助阳养阴，治疗各种虚证的中药，称作补养药。分补气助阳药和补血养阴药两大类。

（1）补气助阳药。主要有党参、黄芪、山药、杜仲、甘草等。

（2）补血养阴药。主要有当归、熟地、白芍和何首乌等。

主要方剂如下。

四君子汤

【组成】党参60克、炒白术60克、茯苓45克、炙甘草15克，共为末，开水冲调，候温灌服，或水煎服。

【功效】益气健脾。

【主治】脾胃气虚。症见体瘦毛焦，精神倦怠，四肢无力，食少便塘，舌淡苔白，脉虚无力。

补中益气汤

【组成】炙黄芪90克、党参60克、白术60克、当归60克、陈皮30克、炙甘草30克、升麻30克、柴胡30克，水煎灌服。

【功效】补中益气，升阳举陷。

【主治】脾胃气虚及气虚下陷诸证。症见体瘦毛焦，精神倦怠，四肢无力，草料减少，脱肛，子宫脱垂，久泻久痢，自汗，口渴喜饮，舌质淡，苔薄白等。

四物汤

【组成】熟地黄 60 克、白芍 50 克、当归 45 克、川芎 25 克，共为末，开水冲调，候温灌服，或水煎服。

【功效】补血调血。

【主治】血虚、血瘀及各种血分病证。

六味地黄汤

【组成】熟地黄 80 克、山萸肉 40 克、山药 40 克、泽泻 30 克、茯苓 30 克、丹皮 30 克，水煎。

【功效】滋阴补肾。

【主治】肝肾阴虚。症见体瘦毛焦，腰胯无力，耳鼻四肢温热，滑精早泄，粪少，舌红苔少，脉细数等。

（十五）固涩药

这类药性多酸涩，有敛汗止泻、固精缩便的作用。主要用于治疗自汗泻痢，脱肛脱宫，滑精尿多等症。主要有石榴皮、五倍子等中药。

主要方剂如下。

乌梅散

【组成】乌梅（去核）15 克、干柿 25 克、黄连 20 克、姜黄 15 克、诃子肉 15 克，共为末，开水冲调，候温灌服，亦可水煎服。

【功效】涩肠止泻，清热燥湿。

【主治】幼小动物奶泻及湿热下痢。症见肚腹胀痛，泻粪如浆，卧地不起，口色赤红。

牡蛎散

【组成】煅牡蛎 80 克、麻黄根 45 克、生黄芪 15 克、浮小麦 200 克，共为末，候温灌服，或水煎服。

【功效】固表敛汗。

【主治】体虚自汗。症见自汗、盗汗，夜晚尤甚，脉虚等。

玉屏风散

【组成】黄芪 90 克、白术 60 克、防风 30 克，共为末，开水冲调，候温灌服，或水煎服。

【功效】益气固表止汗。

【主治】表虚自汗及体虚易感风邪者。症见自汗、恶风、苔白、舌淡、脉浮缓。

（十六）驱虫药

凡能驱除或杀灭猪体内寄生虫的中药，称作驱虫药。这类药一般有毒性，应根据体质的强弱和病情的缓急，恰当选药。主要有使君子、贯仲等中药。

主要方剂如下。

万应散

【组成】槟榔 30 克、大黄 60 克、皂角 30 克、苦楝根皮 30 克、黑丑 30 克、雷丸 20 克、沉香 10 克、木香 15 克，共为末，温水冲服。

【功效】攻积杀虫。

【主治】蛔虫、姜片吸虫、绦虫等虫积证。

槟榔散

【组成】槟榔 24 克、苦楝根皮 18 克、枳实 15 克、朴硝（后下）15 克、鹤虱 9 克、大黄 9 克、使君子 12 克，共为末，开水冲调，候温灌服。

【功效】攻逐杀虫。

【主治】猪蛔虫证。

（十七）催情药和催乳药

凡能促进性欲，强精壮阳，提高受胎率的中药，称作催情药；凡能促进母猪下乳或增加乳量的中药，称作催乳药。主要有淫羊藿、王不留行等中药。

主要方剂如下。

八味促卵散

【组成】当归、生地、淫羊藿、苍术各 200 克，阳起石 100 克，山楂、板蓝根各 150 克，鲜马齿苋 300 克，为末，加白酒 300 毫升、水适量，制成颗粒，在饲料中加入 3%，饲喂一个多月。

【功效】助阳，促进产卵。

【主治】本方可明显促进雌性动物性成熟。

发情散

【组成】阳起石 50 克、淫羊藿 50 克、熟地 100 克、肉桂 40 克，水煎灌服。

【功效】壮阳益精。

【主治】母猪不孕，催母猪发情。

通乳散

【组成】黄芪 60 克、党参 40 克、通草 30 克、川芎 30 克、白术 30 克、川续断 30 克、山甲珠 30 克、当归 60 克、王不留行 60 克、木通 20 克、杜仲 20 克、甘草 20 克、阿胶 60 克，共为末，开水冲调，加黄酒 100 毫升，候温灌服，亦可水煎服。

【功效】补益气血，通经下乳。

【主治】气血不足，经络不通所致的缺乳症。

（十八）外用药方

凡以外用为主，通过涂敷、喷洗等形式治疗动物外部疾病的药物，称为外用药。本类药具有清热解毒、活血散瘀、消肿止痛、祛腐排脓、敛疮生肌、收敛止血、续筋接骨及体外杀虫止痒等作用，适用于痈疽疮疡、跌打损伤、骨折、蛇虫咬伤、皮肤湿疹、水火烫伤及疥癣等证。由于疾病发生部位及症状不同，用药方法也不同，如内服、外敷、喷射、熏洗、浸浴等。

外用药多具有毒性，甚至有剧毒，故用量宜慎，内服时必须严格按制药的方法，进行处理及操作，以保证用药安全。毒性大的药物，涂敷面积不宜过大，也不宜长期使用。本类药一般都与其他药配伍，较少单味使用。

冰片（片脑、梅片、龙脑香）

【性味归经】辛、苦，微寒。入心、肝、脾、肺经。

【功效】宣窍除痰，消肿止痛。

【主治】神昏、惊厥，疮疡、咽喉肿痛、口舌生疮及目疾。

【用量】马、牛3~6克；猪、羊1~1.5克；外用适量。

【附注】"冰片通窍"。冰片为龙脑香树脂的加工品。冰片为芳香走窜之药，内服有开窍醒脑之效，但效力不及麝香，二者常配伍应用；外用有清热止痛、防腐止痒之效。治咽喉肿痛，常与硼砂、玄明粉等配伍；用于目赤肿痛，可单用点眼。

本品主含多种萜类等，有扩张血管、止痛、防腐及抑菌作用。

雄黄（雄精、腰黄、明雄）

【性味归经】辛、温。有毒。入肝、胃经。

【功效】杀虫解毒。

【主治】恶疮，疥癣，湿疹及毒蛇咬伤。

【用量】马、牛5~15克；猪、羊0.5~1.5克；兔、禽0.03~0.1克；外用适量。

【附注】"解毒杀虫于雄黄"。雄黄矿石入药，生用。雄黄有解毒和止痒作用，治疥癣，可研末外撒或制成油剂外涂；治湿疹，可同锻白矾研末外撒。

本品主含三硫化二砷及少量重金属盐。雄黄内服在肠道吸收，毒性较大，有引起中毒危险；也能经皮肤吸收，故外用时亦应注意，大面积或长期使用会发生中毒（中毒时按砷中毒处理）；有抑菌作用。

硫黄

【性味归经】酸，温。有毒。入肾、脾、大肠经。

【功效】外用解毒杀虫，内服补火助阳。

【主治】皮肤湿烂、疥癣阴疽，命门火衰、阳痿，肾不纳气。

【用量】马、牛10~30克；猪、羊0.3~1克；外用适量。

【附注】"石硫黄暖肾杀虫"。硫黄矿物加工品。用治皮肤湿烂、疥癣阴疽等，常制成10%~25%的软膏外敷，或配伍轻粉、大风子等同用。

本品主含硫及少量砷。硫黄与皮肤接触后变为硫化氰与五硫黄酸，具有溶解皮肤角质和杀灭皮肤寄生虫的作用；内服后在肠内有一部分变为硫化氢、硫化砷，能刺激肠壁而起缓泻作用；对螨虫有杀灭作用；有抑菌作用。

硼砂（蓬砂、月石）

【性味归经】甘、咸、凉。入肺、胃经。

【功效】解毒防腐，清热化痰。

【主治】口舌生疮、咽喉肿痛，肺热痰嗽、痰液黏稠。

【用量】马、牛 10~25 克；猪、羊 2~3 克。

【附注】"硼砂消炎生肌"。硼砂矿石加工品入药。硼砂有良好的清热和解毒防腐作用，治口舌生疮、咽喉肿痛，常与冰片、玄明粉等配伍；也可单味制成洗眼剂，用于治疗目赤痛；内服能清热化痰，常与瓜蒌、贝母等同用，以增强清热化痰之效。

本品主含四硼酸二钠，能刺激胃液的分泌，至肠吸收后由尿排出，能促进尿液分泌及防止尿道炎症；外用对皮肤、黏膜有收敛保护作用，并能抑制细菌生长，故可治湿毒引起的皮肤糜烂。

白矾（明矾）

【性味归经】涩、酸、寒。入脾经。

【功效】杀虫，止痒，燥湿祛痰，止血止泻。

【主治】痈肿疮毒，湿疹疥癣，口舌生疮，便血，久泻。

【用量】马、牛 15~30 克；猪、羊 5~10 克；犬、猫 1~3 克；兔、禽 0.5~1 克。

【附注】"涌吐风痰明矾之功效"。白矾为矿石加工品，生用和煅用（枯矾）。有解毒杀虫之功，外用枯矾，收湿止痒更好；治痈肿疮毒，常配等份雄黄，浓茶调敷；治湿疹疥癣，多与硫黄、冰片同用；治口舌生疮，可与冰片同用，研末外搽；内服多用生白矾，有较强的祛痰作用；久泻不止，单用或配五倍子、五味子等同用；出血，常与儿茶配伍。

本品主含硫酸铝钾，内服后能刺激胃黏膜引起反射性呕吐，至肠则不吸收，能抑制肠黏膜的分泌，因而有止泻之效；枯矾能与蛋白形成难溶于水的化合物而沉淀，故可用局部创伤止血；有抑菌作用。

儿茶（孩儿茶）

【性味归经】苦、涩，微寒。入肺经。

【功效】外用收湿，敛疮，止血；内服清热，化痰。

【主治】疮疡多脓，久不收口及外伤出血，泻痢便血，肺热咳嗽。

【用量】马、牛 15~30 克；猪、羊 3~10 克。

【附注】"孩儿茶清热收涩止血敛疮"。儿茶为加工品入药。儿茶外用为主，用于疮疡多脓、久不收口及外伤出血等，常与冰片等配伍，研末用；其性收敛，内服有止泻、止血之效，常配伍黄连、黄柏等；尚有清热、化痰、生津作用，常配伍桑叶、硼砂等。

本品主含儿茶鞣酸、儿茶酚等，有止泻、抑菌作用。

（十九）中药饲料添加剂及方剂

凡具有预防动物疾病、促进动物生长作用，可在饲料中长时间添加使用的中药（方剂），称为中药饲料添加剂（饲料添加药方），也称为补饲药。

中药饲料添加剂一般具有补充饲料营养、提高饲料利用率、防治某些疾病、促进动物生长发育等功用，多用于增加动物产品产量、改进动物产品质量和保障动物健康等环节。

壮膘散

【组成】牛骨粉 200 克，酒糟、麦芽各 500 克，黄豆 250 克，共为细末，每次 30 克，混料中饲喂。

【功效】开胃进食，强壮添膘。

【主治】本方能较全面的补充营养，适用于体质消瘦、消化能力弱的动物。

肥猪散

【组成】绵马贯众、何首乌（制）各 30 克，麦芽、黄豆各 500

克，共为末，按每只猪50~100克拌料饲喂。

【功效】开胃、驱虫、补养、催肥。

【主治】食少、瘦弱、生长缓慢。

二、常用西药

（一）抗菌素类药

（1）青霉素。低浓度的抑菌，高浓度的杀菌。对革兰氏阳性球菌引起的感染最有效。主治猪丹毒、猪肺疫、子宫炎、炭疽、巴氏杆菌病、败血症、菌血症和创伤感染等。

（2）链霉素。主要对革兰氏阴性菌和少数革兰氏阳性菌有作用。主治猪肺炎、气管炎、结核、螺旋体病、猪水肿病、仔猪白痢等。

（3）土霉素。广谱抗菌素。用于治疗仔猪副伤寒、猪支气管炎、猪肺疫、仔猪白痢等。

（4）泰乐菌素。抗菌谱广，对大部分革兰氏阳性菌、部分革兰氏阴性菌、弧菌、螺旋体、球虫等病原微生物都具有良好的对抗活性。尤其对支原体感染有特效，是抗支原体的首选药物。

（5）头孢噻呋钠。抗菌谱广，对各种革兰氏阴性菌（如大肠杆菌、沙门氏菌、绿脓杆菌）及革兰氏阳性菌（如葡萄球菌）均有显著效力。

（二）磺胺类药

（1）磺胺噻唑。抗菌作用较强。主治猪丹毒、猪肺疫、胃肠炎、流行性感冒等。

（2）磺胺嘧啶。抗菌消炎作用强，但副作用和毒性较低。主治肺炎、关节炎、脓肿、结膜炎等。

（三）呋喃类药

（1）呋喃西林。有较强的抗菌作用，并且抗菌范围较广。主治胃肠炎、仔猪副伤寒、仔猪白痢、皮肤创伤等。

（2）呋喃妥因。常用的尿道消炎药。主治泌尿系统感染。

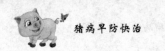

（四）健胃药

（1）龙胆末。有增强唾液及肠液分泌的功能。主治消化不良，特别对热性病愈后，消化不良或停食的健胃用药，效果较好。

（2）小苏打。有中和胃酸的功能。主治胃肠炎。

（3）人工盐。能增进消化腺体的分泌，改善肠吸收和蠕动功能。主治食欲不振，消化不良，对慢性胃炎疗效较好，并能祛痰。

（五）泻药

（1）硫酸镁。是通便下泻，泻时不腹痛，对消化无妨碍的药物。主治积食便秘。

（2）石蜡油。常用缓泻剂。主治积食便秘，轻泻润肠作用。

（六）止泻与收敛药

（1）鞣酸蛋白。服用后能在胃肠壁形成一层薄膜，起保护黏膜的作用，防止胃肠壁受刺激的作用。主治胃肠炎、慢性肠炎和下痢等。

（2）次硝酸铋。能抑制胃肠道过多发酵，保护胃肠黏膜免受刺激。主治肠炎、胃肠溃疡。

（3）木炭末。吸水性大，能使肠内容物变干，起止泻收敛作用。内服后能有效地吸附消化道内的细菌、毒素及气体，多用于治疗胃肠炎和普通中毒病。

（七）解毒与利尿药

（1）阿托品。有解除肠痉挛、子宫平滑肌痉挛、减缓腺体分泌的作用。是毛果芸香碱和敌百虫的解毒药。

（2）解磷定注射液。是有机农药如敌百虫、1605、1059中毒的首选解毒药。

（3）美蓝注射液。又称亚甲蓝注射液。多用于猪的亚硝酸盐、马铃薯、青菜叶、氰化物、硝酸盐等中毒的解毒治疗。

（4）利尿素。治疗水肿性疾病的利尿药。

（八）驱虫与杀虫药

（1）丙硫咪唑。广谱驱虫药。对蠕虫驱虫效果好。

（2）伊维菌素。广谱驱虫药，对体内蠕虫、体外的疥螨都有较好的效果。有口服和注射两种制剂。

（3）蝇毒磷。常用作对疥螨等体外寄生虫的驱虫。

（九）催情及助孕药

（1）苯甲酸雌二醇。能有效地促进猪卵巢机能，是常用的催情药。

（2）黄体酮。常用安胎，治疗习惯性流产、先兆性流产等。

（十）催产药

（1）脑垂体后叶素。常用治疗难产、产后缺乳等症。

（2）催产素。多用于催产、产前子宫无力、产后子宫出血及子宫不能复原等症。

猪的重要疾病及防治措施

第一节 猪的主要传染病

随着社会和科技的进步，猪的品种、饲养设施和营养等方面得到了不断地改善，使千家万户养猪业逐步向规模化、集约化和商品化方向发展，真正成为当地经济和农村奔小康的支柱产业。但由于在引种检疫环节、疫病净化环节以及猪群保健环节等对疫病防治措施落实不到位，导致猪的传染病种类越来越多，发病率越来越高，旧病未除新病又起，对养猪业构成了极大的威胁。这些传染病和寄生虫病的临床症状主要表现在影响繁殖、消化、呼吸和神经等方面，现对这几类传染病进行重点介绍，以便于鉴别诊断和及时防治。

一、猪的繁殖障碍性疫病

（一）发病特征

（1）临床特征。主要表现为流产及早产、死胎、胎儿干尸化、产仔不足、弱仔和长期不发情或屡配不孕等。

（2）流行特点。第一，混合感染严重。几种病毒性疾病（细小病毒、伪狂犬病毒、乙型脑炎病毒、猪繁殖与呼吸障碍综合征病毒等）的血清学检测多为阳性，大大增加了临床判断的难度。第二，阳性检出率与季节、胎次、饲养管理水平有关。一般5—10月，乙型脑炎病毒抗体阳性率明显高于其他季节；管理水平不好的猪场乙型脑炎病毒、猪繁殖与呼吸障碍综合征病毒的阳性率较高。第三，猪群呈波浪式持续或散发式发病，这与后备母猪数量、感染程度、免疫水平、配种季节等有关。通常春、秋季节繁殖障碍病的发生率较高。

（二）病因

繁殖障碍综合征病因繁杂，主要原因如下。

（1）传染性疫病。病毒感染有细小病毒、乙型脑炎病毒、猪繁殖与呼吸障碍综合征病毒、猪瘟、伪狂犬病毒等；细菌性病方面有布氏杆菌、李氏杆菌、猪丹毒杆菌、胎儿弯曲杆菌、钩端螺旋体、衣原体感染；寄生虫病方面主要有弓形虫感染等，其中由病毒引发的繁殖障碍病尤为突出。

（2）非传染性病因。主要是饲养性的，如霉菌毒素中毒、维生素及微量元素缺乏等。

（三）与繁殖障碍有关的主要疫病

猪瘟（又名猪霍乱，俗称"烂肠瘟"）

【病原】病原体为黄病毒科瘟病毒属的猪瘟病毒，为单股正链RNA病毒，有囊膜。存在于病猪的全身和体液中，其中淋巴结、脾和血液中含毒量最多。病毒在干燥环境和一些消毒药作用下易于死亡。发病猪舍及污染的环境在干燥和较高温度下经 1～3 周即失去传染性。2%～3%火碱经 30 分钟可使病毒失去活性，5%漂白粉经 1 小时可将病毒杀灭。

【流行病学】各品种、年龄、性别的猪都易感。病猪和带毒猪是传染源，通过粪、尿和各种分泌物排出病毒。感染途径主要是消化道和呼吸道，首先侵入扁桃体，后进入血液循环。此病具高度传染性，发病无季节性。

【症状与病变】① 典型猪瘟：病猪少食或不食，体温高达40.5～42℃，持续发热。病猪寒战，鸣叫，喜喝冷水，皮肤上有较多的小出血点，结膜潮红发炎，有些病猪有神经症状，震颤、痉挛抽搐，病程初期粪便呈干球状，后期便秘和腹泻交替出现。剖检可见全身淋巴结肿大，暗紫色，切面周边出血，呈大理石样，会厌软骨和喉头黏膜、膀胱黏膜、心外膜、肺膜、肠浆膜、腹膜及皮下等处有大小不一的出血点或血斑，齿龈和唇黏膜有溃疡。肾呈土黄色，肾表面点状出血，但不肿大。慢性猪瘟大肠黏膜有出血和坏死，在回肠瓣附近和盲肠、结肠黏膜上，可见大小不一的扣状溃疡，突出于黏膜表面。脾边缘出血性梗死。② 繁殖障碍型猪瘟：母猪流产，产木乃伊胎、死胎或产出弱仔在出生后不久即死亡。部分新生仔猪表现呼吸迫促或震颤。病死乳猪、仔猪脾脏出血性梗死，有时淋巴结周边出血，肾脏表面、左心耳、膀胱黏膜有出血点。

【诊断】依据本病的流行病学、临床症状、剖检病变等可做出初步诊断。确诊必须依据实验室诊断：采血用间接血凝或 ELISA 检查猪瘟强毒抗体，必要时采取扁桃体、咽淋巴结或脾脏，用荧光抗体确定病毒，或进行病毒分离、鉴定。

本病与猪伪狂犬病、猪繁殖与呼吸障碍综合征、猪链球菌病、猪丹毒、副伤寒、弓形虫病、黄曲霉毒素中毒等鉴别诊断。

【防治】

（1）预防。① 无猪瘟的猪群。培育健康猪群，自繁自养，严把进种关。② 污染猪群的净化。及时淘汰强毒感染猪。③ 猪瘟弱毒疫苗紧急接种（每头猪肌内注射的参考剂量为 2~4 头份），同时配合带猪消毒、走道消毒等，走道消毒可用 3%~5% 氢氧化钠（火碱）。

本病无特效防治药物，应加强预防工作，严格执行疫苗接种程序，同时消灭蚊蝇，停用未经加热处理的猪下水喂猪。

猪瘟疫苗主要有猪瘟兔化弱毒疫苗（C 株）、日本的 GPE 株疫苗、法国的 Thiverval 株疫苗等。其中 C 株疫苗现有市售的组织苗（脾淋苗）和细胞苗（原代牛睾丸细胞苗以及传代细胞苗如 ST 细胞苗）。

（2）猪瘟免疫剂量。一般小猪可用到 1~2 头份，大猪可用到 2~4 头份，在疫区发病严重的猪场，20 日龄仔猪可用到 2~4 头份/只。疫苗免疫后，进行免疫效果监测。常用间接血凝（IHA）试验检测抗体。抗体效价为 1∶16 以上有保护作用，低于 1∶16 者应补注疫苗。

根据养殖场种母猪、仔猪猪瘟免疫抗体监测结果、生产管理状况、以及是否疫区来选用以下免疫程序。

（3）非疫区。仔猪于 20 日龄、70 日龄各免疫接种一次，或仅于 45 日龄免疫接种一次。

（4）疫区或受威胁地区。仔猪乳前免疫（超前免疫、零时免疫），即在仔猪出生后未吃初乳前立即用猪瘟兔化弱毒疫苗免疫接种一次。

【常见猪瘟流行及免疫失败的原因】

（1）种猪群带毒是造成繁殖障碍的主要原因。后备种猪带毒造成易感猪感染而发生流行；持续感染造成免疫失败。

（2）免疫程序不合理，乱用药物等。① 免疫程序不合理，造成免疫空挡，或给有母源抗体（中和抗体滴度在 1∶32 以上）的新生仔猪接种猪瘟疫苗，破坏了仔猪被动免疫，导致仔猪发生猪瘟。② 疫苗免疫剂量不够，造成非典型、甚至典型猪瘟流行。③ 使用免疫抑制药物，抑制了猪体的免疫反应。

（3）猪瘟病毒的致病力具有可变性。

猪细小病毒病

【病原】该病是由细小病毒科细小病毒属猪细小病毒引起。猪细小病毒广泛存在于世界各地猪群，主要引起猪繁殖障碍，易感猪在怀孕早期感染猪细小病毒时可导致胎儿死亡、胚胎重吸收和胎儿木乃伊化，偶有流产，而母猪本身无明显症状。

【流行病学】不同品种、性别、年龄的猪都可感染，初产母猪比经产母猪更易感染；传染源是带毒的公猪和母猪；死胎、活胎及子宫分泌物中均含有大量病毒，带毒猪所产的活仔猪带毒排毒时间很长甚至终生。本病原对外界环境的抵抗力很强，可在被污染的猪舍生存数月之久，造成长期连续传播。一般常用的消毒药都有效。

【症状与病变】母猪患病临床表现为产木乃伊、产仔数减少、难产和屡配不孕等。当母猪在怀孕早期 30 天内感染，引起部分胎儿死亡，表现产仔数减少；30～50天感染，表现产木乃伊胎、胚胎死亡或被吸收，使母猪不孕和不规则地反复发情；怀孕中期（50～70天）感染，多出现死胎、死产；怀孕后期（70天以上）的胎儿有一定免疫能力，能够抵抗病毒感染，大多数胎儿能存活下来，但新生仔猪形成带毒血症，25%～40%的仔猪于产后1周内死亡。

【诊断】依据本病的流行病学、临床症状及剖检病变等可做出初步诊断，确诊必须依据实验室诊断，进行血清学检查（HI），采取胎儿的肠系膜淋巴结和肝脏进行PCR（聚合酶链式反应）诊断和病毒分离、鉴定。

【诊断要点】多见于初产母猪，发生流产、产死胎、木乃伊胎或弱仔，其中以产木乃伊胎为主。仔猪无神经症状。经产母猪感染后通常不表现繁殖障碍现象。

【防治】本病尚无特效的治疗办法，主要预防措施如下。

（1）严防把带毒猪引入无此病的猪场。引进种猪时必须检验该病，常用血凝抑制试验，当抗体滴度较低或阴性时才能引进。

（2）后备母猪和育成公猪在配种前一个月进行免疫接种。目前使用的疫苗有两种：一种是弱毒苗，适用于未怀孕的初产母猪；另一种是灭活油乳苗，适用于各种猪，在配种前1～2个月注射。

（3）因本病发生流产或与木乃伊胎同窝的活仔猪，不能留作种用。

（4）采用人工授精，用经检验为阴性公猪的精液。

猪乙型脑炎（俗称"乙脑"）

【病原】日本乙型脑炎病毒可侵害人和多种动物中枢神经系统，为一种重要的人兽共患病，主要通过蚊子的叮咬传播。常用的消毒药可有效杀灭该病毒。由于本病流行范围广，危害严重，被世界卫生组织列为重点控制的传染病。

【病状与病变】猪突然发病，发烧40～41℃，呈稽留热，持续几天或十几天以上。精神不振，食欲减少或不食，粪便干燥呈球形，表面常附有灰白色黏液，有的呈关节炎症状。

妊娠母猪主要表现为流产或早产，胎儿多是死胎，大小不等或为木乃伊胎。流产胎儿脑膜充血、皮下水肿。同窝仔猪的大小、病变差别明显。

公猪感染后除有上述症状外，还表现睾丸肿胀，较正常大半倍到一倍，且多是一侧性，一般可康复。

【诊断】依据本病的流行病学、临床症状、剖检病变等可做出初步诊断。确诊必须依据实验室诊断，取胎儿组织进行荧光抗体检查和病毒分离、鉴定。

【诊断要点】主要在夏季至初秋蚊子滋生季节流行。发病率低，临床表现为高热、流产、产死胎和公猪睾丸肿大。死胎或虚弱的新生仔猪可能出现脑积水等病变。

【防治】无治疗方法，一旦确诊最好淘汰。做好死胎儿、胎盘及分泌物等的处理；驱灭蚊虫，注意消灭越冬蚊。

在疫区用日本乙型脑炎弱毒疫苗于蚊虫开始活动前1个月（4~5月份，即日本乙型脑炎流行期前1个月）进行预防注射，4月龄以上至2岁的后备母猪都可注射，免疫后1个月可产生坚强的免疫力，可防止妊娠后流产或公猪睾丸炎而造成的生精机能障碍，第2年加强免疫1次。灭活油苗可在母猪配种前1月注射1次，每年注射2次。

猪繁殖与呼吸障碍综合征（蓝耳病）

【病原】猪繁殖与呼吸障碍综合征病毒属动脉炎病毒属，自2006年后我国出现了高致病性猪蓝耳病病毒，现有美洲变异株NADC30类毒株、美洲变异株JXA1和美洲经典株VR2332、CH-la，以及欧洲经典株等多种毒株在我国流行。本病毒主要危害母猪和仔猪，尤其怀孕中后期的母猪最易感染，传播速度快，主要经呼吸道感染。当猪场卫生差、气候突变、拥挤时，发病率可明显上升。常用的消毒药可有效杀灭病原。

【症状与病变】繁殖障碍：怀孕100天以后的妊娠母猪出现厌食、低烧（39.5~40℃）、咳嗽等类流感症状，怀孕后期发生流产、死胎、木乃伊胎及产弱仔猪，有的出生后几天死亡。

呼吸道症状：初生仔猪和哺乳期母猪表现呼吸困难、咳嗽，类似肺炎症状，眼睑肿胀，皮肤有斑点，耳发绀，呈蓝色，故又叫"蓝耳病"。与细菌合并感染时死亡率可达 20% 以上。

哺乳仔猪：弱仔增多，对刺激敏感，腿外翻，肌肉颤抖。早产仔猪早死或出生后 2~3 天发生腹泻、呼吸困难、耳发绀、皮下出血、关节炎、败血症等，死亡率高达 30%~100%，造成巨大的经济损失。

【诊断】依据本病的流行病学、临床症状、剖检病变等可做出初步诊断。确诊必须依据实验室诊断，用 ELISA 检测血清抗体或反转录 PCR 检查病毒，必要时进行病毒分离、鉴定。

【诊断要点】① 怀孕母猪咳嗽、呼吸困难，耳发绀，发生流产（20%~30% 的母猪在怀孕后期 105~112 天流产）、死胎、木乃伊胎或产弱仔猪，有的出现产后无乳。② 出生 1 周的仔猪死亡率明显升高，有的仔猪在耳、腹侧及外阴部皮肤呈现一过性青紫色或蓝色斑块。③ 育肥猪临床症状不明显，主要病变为间质性肺炎。

若在一个猪场内有 20% 以上胎儿死产、8% 以上母猪流产或早产、出生后 1 周内有 26% 以上仔猪死亡，则可初步诊断为猪繁殖与呼吸障碍综合征。

【防治】本病目前尚无有效治疗方法，一旦发生该病很难控制，通常繁殖障碍过程要持续 2~4 个月，此后母猪将会产生对该病的免疫力。但在规模化生产的猪场，哺乳仔猪会不断被较大的仔猪传染，反复发作，很难彻底根除。

（1）母猪分娩前 20 天，每天饲喂阿司匹林 8 克，其他猪可按每千克体重 125~150 毫克阿司匹林添加于饲料中喂服；或 3 天喂 1 次，喂到产前 1 周停止，可有效减少流产。

（2）使用氧氟沙星或环丙沙星或蒽诺沙星、四环素等控制继发细菌感染。

（3）调整日粮，提高维生素（维生素 E，生物素），矿物质 5%~10%（Fe、Ca、I、Se、Mn 等），注意氨基酸的平衡。

（4）疫苗是预防和控制该病的常用策略，但效果不理想。猪繁殖与呼吸障碍综合征灭活疫苗免疫原性较差，需要多次加强免疫，对异型毒株交叉保护力低。猪繁殖与呼吸障碍综合征弱毒活疫苗免疫力强、抗体产生快、持续时间长、可在体内复制并介导细胞免疫反应等，但弱毒活疫苗存在毒力返强和基因重组的风险，只适合用于猪繁殖与呼吸障碍综合征检测阳性猪群。弱毒苗接种程序：后备母猪4月龄时首免，1~2个月后加强一次。灭活苗：后备母猪和育成公猪，在配种前1个月免疫；经产母猪在空怀期免疫一次。

（5）按猪的年龄隔离饲养，采取全进全出的饲养方式，可有效减少本病的发生。

（6）选择无该病仔猪作后备猪，根除病原。

伪狂犬病

【病原】伪狂犬病是由伪狂犬病毒引起的多种家畜、野生动物感染的一种急性传染病。猪感染后主要出现发热、呼吸道疾病、脑脊髓炎等症状，并随年龄的不同，其症状和死亡率也不同，成年猪有较强的抵抗力。本病无明显的季节性，冬、春两季较为多发，呈散发或地方流行，鼠类是主要带毒者与传染媒介，猪多由采食带毒鼠或被带毒鼠污染的饲料而感染。

【症状和病变】潜伏期为30~72小时，随猪年龄不同，症状表现不同。

（1）新生仔猪大量死亡。2周龄内仔猪表现突然发病，精神萎顿，体温升高至41℃以上，呼吸困难、咳嗽，出现呕吐、腹泻、厌食和倦怠等症状，随后可见神经症状，阵发性肌肉震颤或痉挛，前肢呈八字形，开张站立，意识丧失，作圆圈运动，严重时咽喉和四肢麻痹，吐沫流涎，不能吞咽和叫声嘶哑，侧卧不起，颈部肌肉僵硬，角弓反张，四肢作游泳状划动，1~3天内迅速死亡，死亡率很高。

（2）断奶仔猪发病率20%~40%，死亡率10%~20%。

（3）成年猪对本病抵抗力较强，通常为隐性感染。

（4）妊娠母猪发生流产、死胎为主。怀孕第一胎的母猪感染后发生流产、产死胎或弱仔，哺乳母猪缺乳，所产弱仔全窝死亡。

（5）种猪不育症，公猪睾丸炎。

（6）成年猪皮肤溃疡，发病率5%~10%，后躯麻痹、瘫痪。

病猪解剖可见非化脓性脑膜脊髓炎、脑脊髓炎和神经节神经炎，脑膜充血，部分有点状出血，气管有大量泡沫状液体，肺水肿、气肿、出血，肝、脾有明显的白色坏死点，流产胎儿肝、脾、淋巴结及胎盘绒毛膜凝固性坏死。

【诊断】依据本病流行病学、临床症状、剖检病变等可做出初步诊断。确诊则需要采血进行ELISA检查。必要时采取扁桃体、脑组织，进行荧光抗体检查或病毒分离、鉴定。

【诊断要点】① 以寒冷季节即冬末初春多发生。② 妊娠母猪发生流产、产死胎、木乃伊胎，其中以产死胎为主。③ 头胎母猪、经产母猪都能发病。④ 伪狂犬病引起仔猪大量死亡，主要表现在出生第一天状态很好，第二天开始发病，3~5天内是死亡高峰期，死亡率可高达100%。⑤ 肝、脾有直径1~2毫米坏死灶，肺水肿，脑膜表面充血、出血。

【防治】

常用疫苗有以下几种。

灭活疫苗：基因缺失的伪狂犬病毒灭活疫苗。

传代培养致弱的活疫苗：传代培养致弱的活疫苗大都是gE基因缺失疫苗。匈牙利Bartha K61株，该毒株不仅缺失了gE基因及能与其组成复合物的蛋白gI基因，还在US区存在其他一些缺失，安全性比较高。Bucharest（BUK）疫苗毒株缺失了主要毒力因子gE基因，适合9日龄以上的仔猪和妊娠2月的母猪，对兔、豚鼠和小鼠有较强的毒力。MK-25株缺失了胸苷激酶（TK）基因，在MK-25株基础上进一步致弱的1t-21/27株在俄罗斯获得注册。

基因工程减毒活疫苗：TK基因缺失疫苗，TK基因对于病毒在中枢神经的复制、传递及潜伏感染起着重要作用，TK基因缺失降低了病毒毒力，但不影响病毒在细胞中的复制，也不影响病毒的免疫原性。BUKd13疫苗株是在伪狂犬病病毒弱毒株BUK基础上，缺失TK

基因构建的，是美国 1986 年批准上市的第一个基因工程疫苗毒株。在我国，陈焕春院士构建了 Ea 株 TK 基因缺失疫苗，郭万柱构建了 Fa 株的 TK 基因缺失疫苗。

TK/gG 双基因缺失疫苗：gG 基因是 PRV 复制非必须糖蛋白基因。gG 基因缺失后，游离的趋化因子可使机体更好的识别病毒、增强抗体反应，还可以用于发病猪的紧急预防接种，达到治疗的效果。

TK/gC 双基因缺失疫苗：结合相应的 Gc-ELISA 血清学检测方法，能够鉴别疫苗接种猪和野毒感染猪。

TK/gE 双基因缺失疫苗：gE 基因缺失毒株对 10 周龄育肥猪无致病力，但对 3 日龄仔猪却不安全；gE 基因缺失毒株进一步缺失 TK 部分基因后，该毒株不仅对新生仔猪安全，接种 6 月龄的绵羊和 4 月龄的小牛安全并不出现临床症状。

具体防治措施如下。

（1）禁止从疫区引种，引进种猪要严格隔离，经检查无病原时才能使用。

（2）采用猪伪狂犬病基因缺失疫苗和相应的血清学鉴别诊断检测方法，用于猪伪狂犬病的净化或根除，已成为动物疫病防控的一个成功范例。猪伪狂犬病疫苗主要有灭活疫苗、传代致弱活疫苗、基因缺失疫苗（gE 基因缺失疫苗、TK 基因缺失疫苗，TK/gG 双基因缺失疫苗、TK/gC 双基因缺失疫苗、TK/gE 双基因缺失疫苗，TK/GI/gE 三基因缺失疫苗）。灭活苗的免疫接种：由于伪狂犬病具有终生潜伏感染，长期带毒、散毒的危险，而且基因缺失工程疫苗可引起母猪卵巢坏死等病变，因此种猪只能用灭活疫苗免疫。弱毒疫苗免疫接种：如 gE 等基因工程缺失苗主要用于育肥猪的免疫接种，仔猪断奶时注射一次，直到出栏。

（3）坚持猪群的消毒工作，发现有可疑病猪只应及时封锁、隔离，消毒猪舍及周围环境，粪便、污水用消毒液严格处理后才可排出，限制病原扩散，并对健康猪群尤其是仔猪实施紧急预防接种。

（4）对暴发伪狂犬病的地区，应选用弱毒苗进行紧急预防接种，并结合消毒、灭鼠、驱杀蚊虫等全面的兽医卫生措施，以控制疫情。疫情稳定后使用油乳剂灭活苗，以获得稳定而较持久的抗体水平，并减少因使用弱毒疫苗带来的散毒。

（5）用高免血清对种猪和仔猪紧急预防接种或治疗，可有效减少损失。

猪布氏杆菌病

【病原】该病是由猪布鲁氏菌引起的一种人畜共患传染病。病原主要存在于猪子宫和阴道排出的分泌物、胎衣和胎儿中，其他组织则较少，各种年龄猪都有易感性，以性成熟猪易感性最大。本病的主要传播途径是生殖道、皮肤黏膜和消化道，可引起母猪流产、不孕、公猪睾丸炎，是严重危害畜牧业和人类健康的一种疫病。

【症状和病变】病猪通常在妊娠中期、后期流产。流产的前兆症状常见精神沉郁，阴唇和乳房肿胀，发生阴道炎或子宫炎，阴道流出黏性或黏脓性腥臭分泌物，排出的胎儿多为死胎，极少出现木乃伊胎，流产后经常伴有体温升高。公猪常发生睾丸炎和附睾丸炎，表现为一侧或两侧无痛性肿大，性欲减退，失去配种能力。病猪有时可见关节炎、跛行或出现后躯麻痹，在皮下各处形成脓肿，呈消耗性慢性疾病，流产胎儿皮下、肌间出血性、浆液性浸润；胸腔、腹内有纤维性渗出物；胃、肠黏膜有出血点；胎衣水肿、充血出血，流产母猪子宫黏膜上有多个黄白色、芝麻大小的坏死结节。本病无明显的季节性。

【诊断】依据本病的流行病学、临床症状、剖检病变等可做出初步诊断。确诊必须依据实验室诊断。

【诊断要点】该病无明显的季节性，流产多发生于妊娠的第3个月，多为死胎，胎盘出血性病变严重，极少出现木乃伊胎。公猪睾丸肿胀多为双侧性，附睾也出现肿胀，有的猪出现关节炎而引起跛行。

【防治】猪群应定期采血进行血清学监测，一旦发现阳性，应立即隔离及早处理。坚持自繁自养，引进种猪时要严格隔离 1~3 个月，经检疫确认为阴性后，才可投入生产群使用。

加强消毒工作，保持猪舍卫生清洁，如果猪群发生流产，应立即隔离流产母猪，流产母猪经血清学检验为阳性者应及时捕杀，并作无害化处理。流产的胎儿、胎衣、羊水以及阴道分泌物作消毒处理后再废弃，已污染的环境要进行认真彻底消毒。

曾经发生过该病地区的猪群可口服"布氏杆菌猪型二号"弱毒冻干苗进行免疫预防。

猪衣原体病

【病原】该病是由鹦鹉热衣原体感染引起的以流产、睾丸炎、肠炎、脑脊髓炎为特征的接触性传染病。鹦鹉热衣原体可感染 141 种禽，20 种哺乳动物，对人也有感染性。猪衣原体病近几年在我国普遍流行，各种品种、日龄的猪均可感染，怀孕猪、新生仔猪较敏感，育肥猪的感染率在 10%~50%。病猪的粪、尿、唾液、乳汁，流产母猪的流产胎儿、胎膜、羊水可传播病原，种公猪可通过精液传播疾病。该病一般在秋冬季节较严重。

【症状和病变】

（1）母猪流产。初产母猪怀孕后期突然发生流产、早产、产死胎或产弱仔，弱仔一般在数天内死亡。流产母猪子宫内膜水肿、坏死斑；流产胎儿水肿，头颈、四肢出血。

（2）种公猪表现尿道炎、睾丸炎、附睾炎，配种能力下降。睾丸变硬，腹股沟淋巴结肿大。

（3）断奶前后仔猪发生肺炎、肠炎，表现干咳、颤抖、腹泻，死亡率高。肺肿大、出血，质地变硬，气管、支气管有多量分泌物。肠系膜淋巴结充血、水肿，肠内容物稀薄，肝、脾肿大。

（4）架子猪的关节肿大、跛行等多发性关节炎表现。

（5）发生脑炎。冲撞、转圈等神经症状。

【诊断】猪衣原体症状复杂，可引起多器官病变，确诊主要靠抗体检测、病原分离鉴定等技术。

【防治】

（1）建立密闭的生猪饲养系统。防止禽、鼠、犬等进入猪舍。

（2）严格的消毒。

（3）实施种猪的免疫接种，血清学阴性种猪每年注射灭活苗1次，淘汰阳性种公猪和母猪。

（4）发病猪用四环素、金霉素、螺旋霉素、红霉素等敏感药进行治疗和预防。

二、猪的呼吸障碍性疫病

（一）病因

猪的呼吸障碍性疾病主要有猪气喘病（支原体感染）、猪萎缩性鼻炎、猪传染性胸膜肺炎、猪流感、猪繁殖与呼吸障碍综合征、伪狂犬病以及猪蛔虫和肺丝虫感染等。

（二）防治措施

（1）定期进行驱虫，防止寄生虫性肺炎。

（2）定期进行病原分离及血清学检测。制订出主要呼吸道传染病的防治及净化措施，进行必要的免疫接种。

（3）加强饲养管理，控制猪舍温度，保持良好的通风及湿度，减少各种应激因素，降低饲养密度，减少猪舍的尘埃及细菌内毒素的含量。

（三）与呼吸障碍有关的主要疫病

猪链球菌、猪放线杆菌、副猪嗜血杆菌、猪传染性胸膜肺炎病

【病原及发病特征】猪链球菌、猪放线杆菌、副猪嗜血杆菌、猪传染性胸膜肺炎等是造成猪呼吸道症状性疾病最为常见的病原，其药物敏感性见表3-1，可引起相似的临床症状，与猪瘟、猪丹毒、猪肺疫、蓝耳病有相似之处，且猪放线杆菌、副猪嗜血杆菌常与其他病原混合感染，给早期诊断带来困难。主要通过空气传播，在集约化饲养密度较大的条件下最易传播，特别是运输过程拥挤或气候突变、通风不良等应激因素作用下更易发病，成年猪呈隐性经过或表现为呼吸障碍。

表 3-1　几种致呼吸障碍疾病细菌的药物敏感性

种　类	≥90%的菌株敏感	75%~90%菌株敏感	≤75%菌株敏感
猪放线杆菌	庆大霉素、磺胺嘧啶、红霉素、头孢菌素	氨苄青霉素、新霉素、磺胺二甲基嘧啶、多黏菌素、羧苄青霉素、麦迪霉素	青霉素、链霉素、四环素、泰乐菌素
副猪嗜血杆菌	氨苄青霉素、庆大霉素、新霉素、四环素、磺胺二甲氧嘧啶	壮观霉素、泰妙菌素	红霉素、青霉素、泰乐菌素
猪链球菌	氧哌嗪青霉素、氨苄青霉素、红霉素、呋喃妥因、头孢噻肟	庆大霉素、青霉素、泰妙菌素、壮观霉素、复方磺胺、万古霉素、利福平	新霉素、磺胺二甲氧嘧啶、四环素、泰乐菌素、头孢唑啉、丁胺卡那、链霉素
胸膜肺炎放线杆菌	呋喃妥因、泰妙菌素、美西林、利高菌素	新霉素、复方磺胺、痢菌净、沙拉沙星	氨苄青霉素、北里霉素

【症状和病变】

（1）猪链球菌病是由 C、D、E 及 L、R、S 等多种不同群的链球菌感染引起猪的一种人兽共患传染病。常发于 16 周龄以下猪，3~12 周龄的猪最易感，但 32 周龄以上猪也可感染。其临床症状包括突然死亡、发烧、跛行、神经症状、末梢充血、衰竭、无食欲、流产、呼吸困难等。

病理变化：包括脑膜炎、心内膜炎、心肌炎、关节炎、多发性浆膜炎、阴道炎、鼻炎、关节炎和肺炎等，可从扁桃体、肺脏及病变部位分离到病原菌。

控制猪链球菌病以预防为主。长期使用抗生素易产生耐药性。疫苗免疫是最有效方法之一。已研制成功或正在开发的疫苗有灭活疫苗、活疫苗、亚单位疫苗、基因工程活载体疫苗等。

（2）猪放线杆菌可定居在猪的扁桃体、上呼吸道，但不易分离培养。本菌引起的临床症状包括突然死亡（小猪多见），呼吸困难，咳嗽，跛行，发烧，虚弱，脓肿，神经症状，流产，耳梢、腹部皮肤充血、淤血或皮肤的红斑样坏死。病理变化包括不同类型的肺炎、胸膜炎、心肌炎、心内膜炎、关节炎、乳房炎、子宫炎、体腔积液、肺上小的白色坏死点、淋巴结肿大等，其中最常见的是肺、肾、心、脾、肝、皮肤或小肠上的出血点或淤血斑。

疫苗免疫是防控猪传染性胸膜肺炎的有效途径，但尚无商品化疫苗，目前研究的疫苗有灭活疫苗、亚单位疫苗、菌影疫苗、弱毒疫苗、重组活载体疫苗、基因缺失疫苗、DIVA 疫苗等。

（3）副猪嗜血杆菌引起的症状包括突然死亡，神经症状，喘气，跛行，关节肿胀，不愿走动，斜卧，呼吸困难，发烧，虚弱，流鼻涕，流产，单侧耳部充血、发炎等。病变主要有关节炎、肺炎、心包炎、腹膜炎、脑膜炎、睾丸炎、鼻炎和多发性浆液性炎症等。发病主要集中在 2~4 月龄，通常多见于 5~8 周龄。疫苗免疫是预防该病最有效、最经济的方法之一，现有疫苗是灭活疫苗、活疫苗，其中灭活疫苗应用最多。

（4）猪传染性胸膜肺炎是由胸膜肺炎放线杆菌引起。本病流行日趋严重，已成为世界性集约化养猪五大疫病之一。病猪精神沉郁、废食、体温升高至41~42℃，不愿卧地，呼吸异常困难，常呆立或呈犬坐势，张口伸舌、咳喘，并有腹式呼吸，严重者从口鼻流出泡沫血性分泌物，末梢皮肤发绀，很快死亡。慢性则表现生长缓慢，在应激条件下症状加重，猪全身肌肉苍白、心跳加快、突然死亡。剖检可见气管和支气管充满泡沫带血分泌物，胸腔有血样渗出液和纤维素性胸膜炎，肺部充血、水肿，切面似肝，坚实，断面易碎，间质充满血色胶样液体。慢性病变多见胸腔积液，胸膜表面覆有淡黄色渗出物，病程较长时，可见硬实的肺炎区，肺炎病灶稍凸出表面，常与胸膜发生粘连，肺尖区表面有结缔组织化的粘连附着物。

【诊断】依据本病的流行病学、临床症状、剖检病变等可做出初步诊断。确诊必须依据实验室诊断，进行补体结合试验或病菌的分离、鉴定。

【防治】应激可加剧本病的发生，因此要加强饲养管理，注意通风换气，保持舍内空气清新，减少各种应激因素的影响，保持猪群足够均衡的营养水平。

采用"全进全出"饲养方式，出猪后栏舍彻底清洁消毒，空栏1周后才重新使用。

国内主要流行菌株和本场分离株的灭活疫苗有良效。发病场可以从病猪中采取病料培养，制成自家苗使用。国内以其主要流行血清型毒菌株制成的灭活苗，对断奶后仔猪进行免疫，有一定效果。

发病情况下，可根据实际情况，在发病猪群饲料中适当添加大剂量的抗生素预防，例如添加土霉素600克/吨饲料，连用3~5天，或用林肯霉素+壮观霉素500~1 000克/吨饲料，连用5~7天，可防止新的病例出现。病猪以解除呼吸困难和抗菌为原则进行治疗，注意要保持足够的剂量和足够长的疗程。抗生素虽可降低死亡率，但经治疗的病猪常仍为带菌者。

猪传染性萎缩性鼻炎

【病原】该病主要是由支气管败血波氏杆菌感染引起的一种猪的慢性呼吸道疾病，其中与产毒性多杀性巴氏杆菌混合感染引起的症状更严重。

本病死亡率低，但对猪生产性能影响较大。长白猪易感本病，土种猪较少发病。

【症状与病变】仔猪感染后多在4~7周龄才出现临床症状。首先表现严重的打喷嚏，有鼾声，鼻孔流出少量浆液性或黏脓性分泌物，有时鼻流血。随着病程的发展，出现上颌变短或扭曲，鼻中隔歪曲、鼻甲骨萎缩。感染猪生长迟缓或停滞，饲料转化率降低15%左右。

【诊断】依据本病的流行病学、临床症状、剖检病变等可做出诊断。也可依据实验室诊断，进行补体结合反应试验和用鼻腔拭子分离、鉴定病菌。

【诊断要点】

(1) 鼻甲骨萎缩、歪鼻子、卡他性鼻炎（见于较大猪）。

（2）眼角下部的皮肤上有一半月形的黑色泪痕。

（3）有的猪上腭、上颌骨变短，出现"地包天"等现象。

（4）用锯子在病猪头部的第一、第二白齿之间锯成横断面，可见到鼻甲骨萎缩；卷曲变小、消失、形成空洞。

应将本病与猪细胞巨化病毒感染（1周龄猪症状严重，下颌和跗关节周围水肿）、软骨病（关节变形）等进行鉴别。

【防治】用抗生素药物早期预防可以降低此病的发生。母猪产前1个月内，每吨饲料中加400~2 000克磺胺嘧啶+甲氧苄氨嘧啶或400~1 000克土霉素，直到产仔；一般仔猪在第3天、7天和14天时给仔猪注射四环素或得米先；断奶仔猪在饲料中加抗生素，可选用磺胺嘧啶+甲氧苄氨嘧啶、土霉素、青霉素、链霉素、氟苯尼考或丁胺卡那霉素等，连喂4~5周可以预防此病。

免疫接种：灭活疫苗主要是针对多杀性巴氏杆菌（荚膜D型、菌体型4型）外膜蛋白H（OmpH）的萎缩性鼻炎重组疫苗。灭活油苗，颈部皮下注射。母猪：产前4周接种1次，2周后再接种1次。种公猪：每年接种1次。母猪已接种，仔猪在断奶前只接种1次；母猪未接种，仔猪于7~10日龄接种1次。如现场污染严重，应在首免后2~3周加强免疫1次。

管理上做到全进全出，良好的卫生条件，及时淘汰病猪，才能消灭病因。

猪气喘病

【病原】该病是由猪肺炎支原体引起的慢性、接触性传染病，在猪群中可造成地方性流行。一般情况下本病死亡率不高，但在流行的初期以及饲养管理条件不良时，继发感染时会造成较大的经济损失。不同品系、年龄、性别的猪都有易感性，在寒冷的冬天和冷热多变的季节，猪的抵抗能力下降时发病较多。传染途径主要通过呼吸道，本病一旦传入猪群，如不采取严密措施，很难彻底扑灭。

【症状和病变】体温无大变化，咳嗽次数逐渐增多，逐渐发展到呼吸困难，表现为明显的腹式呼吸，急促，严重的张口喘气，有喘鸣音，似拉风箱。此时精神萎顿，食欲减少或废绝，身体日渐消瘦，皮毛粗乱，生长发育不良，饲料转化率低，病程可持续 2~3 个月。常由于抵抗力降低而并发肺炎，这是促使气喘病猪死亡的主要原因。小母猪、怀孕和喂乳母猪容易发生急性型气喘病，少数猪发病初期体温稍有升高，病程较短，约 1 周左右，常因衰竭和窒息而死亡，死亡率较高。

猪气喘病的病理变化主要在肺，有不同程度的水肿和气肿，在两肺的尖叶和心叶呈对称性、融合性支气管肺炎病变。尖叶、心叶、中间叶下垂部和膈叶前部下缘，常出现淡红色或浅紫色呈"虾肉样"病变。肺门和纵膈淋巴结明显肿大、质硬、灰白色切面。随着病情发展，上述肺叶部分呈现不同程度的实变，实变区与正常肺组织界限清楚。其他内脏一般无明显变化。

该病常与其他病原继发或混合感染，如猪繁殖与呼吸障碍综合征病毒、猪圆环病毒 2 型、伪狂犬病病毒、副猪嗜血杆菌、猪链球菌、巴氏杆菌、胸膜肺炎放线杆菌等，导致更严重的症状和疫情发生。

【诊断】依据本病的流行病学、临床症状、剖检病变等可做出初步诊断。确诊必须依据实验室诊断，进行血清学检查和病菌的分离、鉴定。

【诊断要点】

（1）病猪咳嗽、喘气，腹式呼吸。

（2）两肺的心叶、尖叶和膈叶对称性发生肉变至胰变，其他器官无肉眼可见病变。

（3）自然感染的情况下，易继发巴氏杆菌、肺炎球菌、胸膜炎放线杆菌感染。

【防治】疫苗免疫是控制该病感染的最有效的手段，但猪肺炎支原体免疫原性弱，目前主要通过全菌灭活疫苗与抗生素联合使用来控制该病。

（1）预防和消灭气喘病主要在于坚持预防为主，采取综合性防治措施，坚持自繁自养的原则。必须引进种猪时，应远离生产区隔离

饲养 3 个月，并经检疫证明无疫病，方可混群饲养。给种猪和新生仔猪接种猪气喘病弱毒疫苗或灭活疫苗，以提高猪群免疫力。

（2）加强饲养管理，保持猪群合理、均衡的营养水平，加强消毒，保持栏舍清洁、干燥通风，减少各种应激因素，对控制本病有着重要的作用。

（3）用新培育的健康母猪代替原来的母猪，同时采取综合性措施，净化环境，逐步消灭该病。

（4）猪肺炎支原体对青霉素及磺胺类药物不敏感，而对氧氟沙星、蒽诺沙星等敏感。目前常用的药物有：环丙沙星盐酸盐或乳酸盐+甲氧苄氨嘧啶、氧氟沙星、蒽诺沙星、庆大霉素、丁胺卡那霉素、红霉素可溶粉、泰妙菌素（泰妙灵、支原净）等。也可用土霉素碱油剂（土霉素碱 25 克，加入花生油 100 毫升，肌蛋白 5 毫升，均匀混合），按 40 毫克/千克（小猪 2 毫升、中猪 5 毫升、大猪 8 毫升）在颈、背两侧深部肌肉分点轮流注射，每隔 3 天 1 次，5 次为一疗程，重病猪可进行 2~3 疗程，并用氨茶碱 0.5~1 克肌内注射；也可用泰妙灵 15 毫克/千克连续注射 3 天，有良好的效果。

（5）猪气喘病弱毒冻干苗。本苗接种后反应小，最适于杂交猪免疫，有 80% 的保护率；对土种猪安全，2 次免疫有一定的保护力。应用弱毒株免疫接种途径必须是肺内注射（注射部位为肩胛骨后缘中上部 1 厘米处肋间隙），其他部位免疫效果不确实或无效。

猪肺疫（俗称"锁喉风""肿脖子瘟"）

【病原】本病由多杀性巴氏杆菌引起，在气候和饲养条件剧变时多发，无季节性，对多种动物及人有致病性。一般为散发，只有少数几头发病，有时也呈地方性流行。

【症状与病变】急性病例表现高热，急性咽喉炎，颈部高度红肿，呼吸困难，常作犬坐姿势，伸长头颈呼吸，口鼻流出泡沫，病程 1~2 天，病死率高达 100%。慢性病例主要表现为慢性肺炎和胃炎症状，如不及时治疗，多经过 2 周后死亡。剖检可见咽喉部肿胀出血，肺水肿，有肝变区，肺小叶出血，有时发生肺粘连，脾不肿大。

【诊断】依据本病的流行病学、临床症状、剖检病变等做出初步诊断。确诊必须依据实验室诊断，进行病菌的分离、鉴定。

【防治】用抗菌药肌内注射的同时可选用其他抗菌药拌料口服。该病常继发于猪气喘病和猪瘟的流行过程中。猪场做好其他重要疫病的预防工作可减少本病的发生。

猪流感

【病原】猪流感是由正黏病毒科流感病毒属 A 型猪流感病毒引起猪的急性高度传染性呼吸道疾病。该病以发病率高为特征，单纯的猪流感病毒感染一般不会造成感染猪的死亡，但并发或继发其他疾病时病情加重，可导致死亡。本病有明显的季节性，天气骤变的晚秋，早春、冬季寒冷季节易发。急性病例的飞沫、鼻液中含有流感病毒，可通过鼻腔接触或空气而迅速传播。流感病毒宿主范围较广，可在猪、人、马和家禽间造成交叉感染，一般可自愈，与猪嗜血杆菌混合感染时，病情加重，可引起死亡。

【症状与病变】临床上表现突然暴发、厌食、呼吸迫促、阵发性咳嗽、无食欲、精神沉郁、不愿走动、体温升高、流泪。传播快，病程较短（约 1 周），流行期短。流感常引起严重的间质性肺炎，剖检可见鼻、喉、气管和支气管黏膜充血，表面有大量泡沫黏液，肺呈肉样硬变。

【诊断】依据本病的流行病学、临床症状、剖检病变等做出初步诊断。确诊必须依据实验室诊断，进行血清学检查和病毒的分离、鉴定。

【诊断要点】有明显的季节性，天气骤变的晚秋，早春、冬季寒冷季节易发。突然暴发、厌食、呼吸迫促、阵发性咳嗽。传播快，体温升高（40~42℃），流泪，病程较短，多数猪 1 周左右后康复。

【防治】（1）加强饲养管理，注意冬春季节的保暖和通风。

（2）猪流感疫苗免疫预防接种。

（3）应用解热镇痛药、止咳药及广谱抗生素治疗。如安乃近、复方氨基比林、复方奎宁等解热镇痛药肌内注射，并选用抗生素和磺

胺类药以防继发感染，可收到良好的效果。也可选用复方吗啉胍以及板蓝根、柴胡等中药。

三、猪的腹泻性疫病

（一）病因与症状

（1）哺乳仔猪腹泻。主要见于哺乳和断奶前后的仔猪。仔猪黄、白痢主要是病原性大肠杆菌感染，卫生条件差、寒冷可加剧病情；猪传染性胃肠炎、流行性腹泻及轮状病毒感染也是深冬早春寒冷季节多发的常见腹泻病。另外发现球虫侵袭、受寒感冒亦是引起仔猪腹泻的重要原因。

（2）断奶仔猪习惯性腹泻及水肿病。几乎所有猪场仔猪在断奶后1~2周内普遍出现腹泻，造成生长发育不良，部分仔猪出现水肿病引起死亡，造成严重损失。病因有应激引起仔猪免疫抑制、饲粮蛋白偏高等引起肠道过敏反应、胃酸不足、消化不良、肠道菌群失调等。

（3）猪痢疾。主要发生于60~90千克育肥猪，由猪痢疾密螺旋体引起，导致育肥期延长，饲料利用率下降。

（二）综合防治

（1）保证母猪饲喂全价的配合日粮，防止母猪过肥或过瘦；分娩母猪产前7日至产后14日拌料服预防剂量的抗菌药；对缺硒和维生素E的地区，补充硒和维生素E可有效减少仔猪腹泻病。

（2）断奶仔猪习惯性腹泻，断奶后营养应激是仔猪腹泻的主要诱因，应适当降低断奶仔猪饲粮中蛋白质水平，控制日粮中豆粕用量；在仔猪断奶前、后日粮中添加高剂量的氧化锌，可减少断奶仔猪腹泻，但长期应用效果不佳。饲养管理中采取逐步断奶法，饮水中添加电解质、多维素，对圈舍及环境经常进行清扫和消毒。

（3）加强保温，防冻防压。注意调节猪舍环境温度、湿度及通风，仔猪适宜的环境温度：1~3日龄为33~34℃，4~7日龄为30~32℃，断奶时为30℃，以后每周降2℃，至18~20℃为止。

（4）对由猪传染性胃肠炎、流行性腹泻、轮状病毒引起的腹泻，可采用疫苗来预防；发病时用低浓度病毒灵进行抗毒消炎，补充体液，同时应用抗生素防止继发感染。细菌性腹泻除用疫苗免疫预防外，筛选出针对不同猪群细菌敏感的抗菌药物治疗。

（5）进行仔猪球虫病的调查，适时进行抗球虫药的投服。

（三）与腹泻有关的主要疫病

仔猪黄白痢

【病原】仔猪大肠杆菌性腹泻又称仔猪黄白痢，与肠毒素大肠杆菌有关。由致病性大肠杆菌引起，该菌对外界环境抵抗力不强，常用消毒药消毒即可达到目的。仔猪黄痢又称早发性大肠杆菌病，母猪带菌是本病发生的重要原因，主要见于1周龄以内的仔猪。仔猪白痢又称迟发性大肠杆菌病，多发生于7~30日龄的仔猪，7~20日龄居多。

大肠杆菌通常存在于猪的肠道内，在正常情况下不会引起发病，当猪舍卫生不好，气候骤变（冬季受凉），母猪的奶汁过稀或过浓（夏季无乳），造成仔猪抵抗力降低时，就会发病。此病高度传染，一窝小猪中有1头拉稀，若不及时采取措施，很快传播开来。

【症状】仔猪黄痢在仔猪出生后1周内发病，排出黄色浆状稀粪，内含凝乳小块，很快脱水，昏迷死亡，病死率高。仔猪白痢表现排白色、糊状、腥臭味稀便，肛门周围被稀便污染，因感到口渴而喜喝脏水。病程2~3天，长的1周，可自行康复，死亡率低，但影响仔猪的生长发育。

【诊断】依据本病的流行病学、临床症状等可做出诊断。必要时可进行大肠杆菌的分离与鉴定。

【防治】治疗遵循抗菌、补液、消毒的原则。对由肠毒素大肠杆菌引起的仔猪腹泻，采取药物治疗。但抗药菌株日趋增多，导致药物疗效不佳甚至无效，因此免疫预防是控制该病的最佳选择。

（1）口服或注射抗菌素、电解质和高免血清治疗。庆大霉素、卡那霉素、三甲氧二苄氨嘧啶（TMP）等药物通常最有效，同时配合补液。

（2）综合防治措施。母猪体表和乳房区用 0.1%高锰酸钾水擦拭；在母猪产前 7 天和产后 14 天用预防量的抗菌药拌料。

（3）在冬春季节还要注意产房的消毒、温暖和干燥。

（4）常发猪场可用大肠杆菌苗对母猪进行免疫或给新生仔猪（1 天内）口服多价大肠杆菌高免血清，建立人工被动免疫。

猪传染性胃肠炎

【病原】该病是由传染性胃肠炎病毒引起的一种急性、接触性肠道传染病，表现为呕吐、严重腹泻和脱水，不同年龄的猪均可发病，哺乳仔猪发病、死亡率可达 10%～100%。本病呈现地方性流行，有明显的季节性，冬、春两季发病最多。除猪外，该病毒对其他动物和人都不具感染性。病猪和带毒猪是本病的主要传染源。

【症状与病变】潜伏期很短，一般为 12～24 小时，有时长达 4 天。本病传播迅速，主要感染 10 周龄内仔猪。发病表现体温升高、精神萎顿、厌食、呕吐和明显的水样腹泻，粪便呈黄色、淡绿色或灰白色，并有气泡，呈酸性，内含凝乳块，腥臭；病猪有渴感，皮毛粗乱，明显脱水，最后衰弱死亡。一般仔猪日龄越小，病程越短，死亡率越高。大猪仅表现精神不振，食欲减退或消失，水样腹泻，粪便呈黄色、灰色、褐色不等，混有气泡，极少死亡。病猪尸体剖解可见仔猪脱水明显，尸体消瘦；卡他性胃肠炎，胃内充满凝乳块（发病 2～3 天）或绿色黏液（4～5 天后），胃底黏膜充血、出血，肠黏膜剥落，空肠、回肠绒毛萎缩，小肠壁变薄，内膜变得粗糙，肠道充气，内容物呈液体状、灰色或灰黑色，肠系膜充血，淋巴结肿胀。

【诊断】依据本病的流行病学、临床症状、剖检病变等可做出初步诊断。确诊必须依据实验室诊断，进行小肠冰冻切片荧光抗体检查，或进行肠道内容物电子显微镜观察，或分离病毒。

【诊断要点】多流行于冬春寒冷季节；1～7 日龄仔猪发病；病猪呕吐（呕吐物呈酸性）、水样腹泻和食欲减退；小肠壁变薄、透明。

【防治】疫苗接种是预防猪传染性胃肠炎的有效手段，目前预防该病的商品化疫苗主要有华毒株（H 株）、HB08 株、WH-1 株灭活疫苗和弱毒疫苗。

（1）不从疫区或病场引种，坚持自繁自养，以免传入该病。平时加强饲养管理和消毒工作，各阶段的栏舍应坚持"空栏消毒，间隔一周"的原则。

（2）用弱毒苗对妊娠母猪进行免疫（于产前45天和15天）。若母猪未免疫，乳猪可口服猪传染性胃肠炎病毒弱毒苗。对流行过该病的猪场，在冬春季节应对保育期仔猪进行免疫接种。

（3）发生该病时，应立即封锁疫区，对病猪停食或减食，饮水中添加适量收敛作用较好的消毒药（高锰酸钾、柠檬酸粉等）；加强栏舍卫生消毒工作，并在饲料中添加土霉素或痢菌净，同时肌内注射病毒灵和抗菌素，有一定疗效；防止脱水，减轻酸中毒，补充适量的电解质溶液是降低死亡率的关键。

猪流行性腹泻

【病原】猪流行性腹泻病毒属于冠状病毒科冠状病毒属，分为猪流行性腹泻病毒基因1型和基因2型，目前流行的毒株主要为基因2型，致病性高，引起7日龄以内仔猪的腹泻和死亡。猪流行性腹泻病毒主要感染猪，可使各种年龄的猪发病，尤以仔猪受害最为严重，母猪发病率变化较大，为15%~90%。病猪是主要的传染源。

【症状与病变】多流行于冬春，夏季也有发生。呕吐、腹泻、明显脱水和食欲缺乏，排出的粪便呈灰白色或黄绿色水样并混有气泡、酸性。传播速度较慢，在4~5周内才传遍整个猪场，往往只有断奶仔猪发病，或者各年龄段猪均有发生，很快大、小猪同时发生腹泻，乳猪有部分死亡。

【诊断】依据本病流行病学、临床症状、剖检病变等可做出初步诊断，确诊必须依据实验室诊断。

【防治】对猪流行性腹泻的防治，除采取综合性的生物安全措施外，仍以疫苗免疫为主，目前免疫的疫苗主要有弱毒活疫苗、灭活疫苗、亚单位疫苗等。

用猪流行性腹泻灭活苗在产前20天给妊娠母猪做后海穴或肌内

注射，即可预防仔猪流行性腹泻。针对 2010 年以来流行的仔猪流行性腹泻，可用猪流行性腹泻基因 2 型毒株的 HB08 株+ZJ08 株致弱疫苗。仔猪发病时，治疗同传染性胃肠炎。

猪轮状病毒病

【病原】本病由轮状病毒引起，该病毒分为 9 个群（A-I），其中 A、B、C、H 群病毒在临床上能引起猪发病，尤其 A 群最为常见。在我国，A 群轮状病毒主要有 6 个血清型（G2、G3、G4、G5、G9、G11），其中 G5 型最常见。病毒主要存在于患病猪肠道内，随粪便排出，污染环境、饲料、饮水等，经消化道感染其他猪。轮状病毒有较强的抵抗力，在室温下于粪便中可存活较长时间。本病传播迅速，多发于晚秋、冬季和早春季节。0.01%碘、1%次氯酸钠和 70%的酒精可使其丧失感染力。

【症状与病变】呈地方性流行，3~8 周龄内仔猪多发，病初精神差，缺乏食欲，呕吐。迅速发生腹泻，粪便呈黄白或暗黑的水样或糊状。腹泻越久，脱水越明显。1 周龄仔猪不易发病，10~21 日龄仔猪症状轻，腹泻 1~2 天后迅速痊愈。

【诊断】依据本病的流行病学、临床症状、剖检病变等可做出初步诊断，确诊须经实验室诊断。

【诊断要点】多流行于冬春寒冷季节，3~8 周龄仔猪多发。挤压腹部采取的新鲜粪便呈酸性，粪便呈水样或糊状，常混有黄、黑或灰色凝乳样物。症状和病理变化较轻微，病死率 5%~20%。

【防治】可用预防猪传染性胃肠炎、猪流行性腹泻和猪轮状病毒感染的三联疫苗，预防 A 群 G5 型猪轮状病毒引起的腹泻。其次是供给充足初乳和母乳。发病猪治疗同传染性胃肠炎。

仔猪红痢（仔猪梭菌性肠炎、仔猪传染性坏死性肠炎）

【病原】由 C 型和 A 型魏氏梭菌引起仔猪肠毒血症、坏死性肠炎。3 日龄内仔猪常发，1 周龄以上很少发病，病死率一般为 20%~70%，经消化道感染。

【症状】病程短死亡率高，病猪排红色稀粪。剖检可见小肠出血、坏死，肠内容物呈红色，坏死肠段黏膜下有小气泡等病变。

【诊断】依据本病的流行病学、临床症状、剖检病变等可做出初步诊断。确诊必须依据实验室诊断，能分离出魏氏梭菌。

【防治】一般来不及治疗已经死亡。

【预防】妊娠母猪于产前 40~42 天和 15~20 天分别用仔猪红痢菌苗免疫接种。若母猪未免疫，应尽早给初生乳猪注射或口服抗菌药，如氧氟沙星或环丙沙星或蒽诺沙星等。

仔猪副伤寒

【病原】猪霍乱沙门氏菌和猪伤寒沙门氏菌等引起该病。该菌对干燥、腐败、日光等有一定的抵抗力，在外界可生存数周至数月，但对化学消毒剂的抵抗力不强，一般常用消毒剂可达到消毒目的。患病动物为主要传染源，经消化道传染。

【症状与病变】多见于 1~4 月龄的猪。病猪体温升高（40~42℃），持续性下痢，粪便恶臭，有时带血，消瘦。耳、腹及四肢皮肤呈深红色，后期呈青紫色（败血症）。慢性病例眼有脓性分泌物。剖检可见扁桃体坏死。肝、脾肿大，肝淋巴结发生干酪样坏死，盲肠、结肠有凹陷不规则的溃疡和伪膜，肠壁变厚。

【诊断】依据本病的流行病学、临床症状、剖检病变等可做出初步诊断。确诊必须依据实验室诊断，采取病死猪肝、脾组织，进行沙门氏菌分离、鉴定。

【防治】抗菌药治疗有一定效果，发病重的可同时应用抗炎药。免疫预防和防治给药参见附录。

猪痢疾（血痢）

【病原】由猪痢疾密螺旋体引起猪的一种肠道传染病。该菌对外界环境抵抗力强，但对消毒药抵抗力不强。各种年龄和不同品种的猪均易感染，但 7~12 周龄的小猪多发且死亡率比大猪高。病愈猪带菌可长达数月，是主要的传染源。本病主要经消化道感染。

【症状与病变】最急性往往突然死亡，病猪表现下痢，粪便黄色柔软或水样且混有黏液及血液，腹痛，体温稍高，消瘦，最后衰弱死

亡。剖检可见盲肠、结肠发生卡他性出血性肠炎、纤维素渗出及黏膜表层坏死。大肠有病变而小肠没有，在回盲结合处形成明显的分界线。

【诊断】依据本病流行病学、临床症状、剖检病变等可做出初步诊断。确诊必须依据实验室诊断，镜检或分离猪痢疾密螺旋体。

应将本病与猪沙门氏杆菌病、猪增生性肠病（回肠病）等进行鉴别诊断。猪增生性肠病病变在小肠，而猪痢疾病变在大肠。副伤寒初见大肠黏膜坏死、溃疡外，还见肝小点坏死，脾脏肿大等。

【防治】给药见仔猪黄痢使用抗菌药部分。另外，猪圈舍应搞好消毒、灭鼠、灭蝇等工作。

四、猪的神经障碍性疫病

（一）病因与症状

引起猪神经症状的疾病主要有猪链球菌病、猪李氏杆菌病、猪伪狂犬病、猪日本乙型脑炎、猪水肿病、猪狂犬病、破伤风、中暑、猪食盐中毒以及其他毒物中毒等疾病。其主要表现为病猪发生典型的神经症状。

（二）防治措施

对于因传染性因素引起的疾病，因严格执行相关的免疫程序，用疫苗来进行预防，减少疾病的发生。

加强饲养管理，使用合格饲料，防止猪误食有毒饲料。

保持猪舍的良好的卫生、温度、湿度，可有效防止各种传染病的发生。

（三）与神经障碍有关的主要疫病

猪李氏杆菌病

【病原】本病由产单核细胞李氏杆菌（简称李氏杆菌）引起的一种人兽共患传染病。该菌对食盐和热的耐受性强，可在含盐 10% 的培养基内生长，65℃经 30~40 分钟才能将其杀死。本病为散发性，一般只有少数猪发病，但病死率很高。各种年龄的猪均可感染，但仔猪更为易感。

【症状与病变】病初意识障碍，运动失常，作圆圈运动或无目的地行走或后退，或以头抵地不动，肌肉震颤、强硬，有的表现阵发性痉挛，口吐白沫，侧卧在地，四肢乱爬；有的四肢麻痹，不能行走，一般1~7天内死亡。怀孕母猪常发生流产。剖检可见脑膜充血、炎症和水肿变化，流产母猪子宫内膜充血以至广泛坏死。

【诊断】病猪如果表现神经症状并有母猪流产，可疑为本病。确诊必须进行病原的分离鉴定。

【防治】采取综合性防治措施，平时须驱除鼠类；引进种猪时，不从疫区引种。发病时应进行隔离、消毒、治疗等措施。本病的治疗以链霉素较好，但易于引起抗药性。大剂量的抗生素或磺胺类药物效果好，但有神经症状的病猪治疗效果不佳。

猪水肿病

【病原】该病是溶血性大肠杆菌产生毒素所引起小猪的一种肠毒血症，常发生于断奶仔猪尤其是体况健壮的仔猪，小至数日龄大至4月龄仔猪也偶有发生，是一种急性高度致死性神经性疫病。

【症状与病变】多发生于断奶后1周至1月龄大，体况健壮、生长快的仔猪。开始时仔猪出现腹泻或便秘，1~2天后病程突然加快或死亡，病猪四肢无力，共济失调，转圈，肌肉震颤，后期侧卧不起，不时抽搐，四肢作游泳状划动，触动时表现敏感，有角弓反射并作嘶哑的鸣叫。水肿是本病的特征症状，常见于脸部、眼睑、结膜、齿龈，有时波及颈部和腹部的皮下，病程一般为1~2天，剖检主要病变为水肿。胃壁水肿常见于大弯部和贲门部，黏膜层和肌层之间有一层胶冻样水肿，严重的厚达2~3厘米。大肠系膜的水肿也常见，有些病猪直肠周围也有水肿。胆囊和喉头也常有水肿。小肠黏膜有弥漫性出血变化。淋巴结特别是肠系膜淋巴结有水肿和充血、出血的变化。

【诊断】依据本病的流行病学、临床症状、剖检病变等做出初步诊断。确诊必须依据实验室诊断，进行病菌分离、鉴定。

【诊断要点】断奶前后，一般在断奶后 10～14 天出现症状。突然发病，多发于吃料多、营养好、体格健壮的仔猪。病猪有神经症状。病死猪眼睑、头部皮下水肿，胃底部黏膜、肠系膜水肿。

【防治】

（1）有证据表明该病与遗传易感性有关，通过育种工作进行筛选抗性猪是预防此病的方法之一。

（2）仔猪断奶时应注意饲养管理，改变饲料和饲养方法都应循序渐进逐步进行，减少应激，少量多次饲喂。断奶后 3～5 天内，限饲 160 克/天，之后自由采食，断奶后 2 周内继续喂乳猪料。在出现过本病的猪群内，应控制饲料中蛋白质的含量，增加饲料中粗纤维含量，保持饲料中有足够的硒和维生素 E（一般日粮硒应保持 0.3～0.4 毫克/千克，维生素 E 为 150～200 毫克/千克）。对断乳仔猪，在饲料内添加适宜的抗菌药物，如新霉素、土霉素等。哺乳母猪饲料中添加较大剂量的锌（按每千克饲料中添加 50 毫克），可预防本病的发生。在饲料中添加 2%～3% 的有机酸或食醋，能有效地预防水肿病的发生。

（3）该病为猪的一种急性高度致死性神经性疫病，是由产毒性大肠杆菌菌株在肠道中大量增殖，产生毒素，被吸收入机体后引起发病，而非细菌本身所致。目前尚无这种生物毒素的解毒药。因此，对已出现临床症状的病猪治疗可能太晚，对尚未表现临床症状处在潜伏期和可疑感染的同窝仔猪，采用抗菌药物或其他相应措施（食盐类缓冲剂通便），以控制或降低肠道内大肠杆菌数量，防止毒素的产生和吸收。

猪链球菌病

【病原】猪链球菌病是由多种不同群的链球菌引起的不同症状的总称，链球菌分布广泛，可引起多种动物发病。猪链球菌病的流行无明显的季节性，但在 7—10 月易发生大面积的流行。

【症状与病变】发病猪主要为 7～24 周龄，病初体温升高至 41～43℃，随后表现为时低时高的发烧、食欲消退、精神沉郁，皮肤发红，共济失调，侧卧，四肢如划水样，个别猪出现跛行。感染猪表现不同程度的黏膜发绀、呼吸困难和消瘦。剖检可见全身淋巴结肿大、心包积液，常可见心内膜损伤、右心瓣膜坏死或增生，右心室瓣膜处常有胶冻样或纤维蛋白样沉积物。除有败血性症状外，常伴有多发性关节炎和脑膜炎症状。淋巴结化脓，皮肤形成脓肿，脾肿大。有神经症状的病例，脑和脑膜充血、出血，脑脊髓液增量、浑浊。

【诊断】依据本病的流行病学、临床症状、剖检病变等做出初步诊断。确诊必须依据实验室诊断，采取病死猪心血、肝脏或脓肿，进行链球菌分离、鉴定。必要时鉴定血清型。

【诊断要点】除有败血性症状外，常伴有多发性关节炎和脑膜炎症状。局灶性淋巴结化脓，皮肤形成脓肿，脾肿大。有神经症状的病例，脑和脑膜充血、出血，脑脊髓液增量、浑浊。

【防治】

（1）采用青霉素+庆大霉素、复方磺胺-5-甲氧嘧啶治疗有效。青霉素每千克体重2万单位，磺胺药每千克体重30毫克，每天注射2次，连续用药1周。氧氟沙星、蒽诺沙星（每千克体重5毫克，1日1次，肌内注射，连用3~5日）等亦可用。有脑膜炎症状的，可同时应用抗炎药，如地塞米松等。

（2）选用含当地流行的血清型菌株疫苗，在仔猪出生24小时后接种免疫。

破伤风

【病原】本病是经创伤感染的急性传染病。病原为破伤风杆菌，其存在与土壤和粪便中，当动物受伤时侵入伤口繁殖，产生毒素而引起病畜全身痉挛。猪常由于去势或其他创伤因素而感染该病。

【症状与病变】病猪表现牙关紧闭，两耳竖立，头向后仰，腰背弓起，四肢强直，全身肌肉痉挛，难以站立。

【诊断】根据临床症状及创伤史即可确诊。

【防治】

（1）避免创伤，发现伤口应及时处理和治疗。

（2）给猪进行手术或注射时应严格消毒，在常发此病地区给猪动手术前应注射破伤风类毒素。

（3）发病时用破伤风抗毒素（静脉注射 10 万~20 万单位）进行治疗，同时可对症性的使用盐酸氯丙嗪或苯巴比妥钠，或用 25% 的硫酸镁静脉注射，缓解痉挛症状。

五、其他常见传染病

猪口蹄疫

【病原】猪口蹄疫是一种急性、热性和接触性传染病，病原为口蹄疫病毒，该病毒可感染所有偶蹄动物发病。口蹄疫病毒有 O、A、C 和 SAT-1、SAT-2、SAT-3（即南非 1、2、3 型）及 Asia l（亚洲 1 型）等 7 个血清型，70 多个亚型。该病毒易变异，不同血清型间互不交叉保护，型内各亚型间仅有部分交叉保护性。潜伏期的动物就能排毒，痊愈的动物常在病愈后的数周至数月中仍可带毒。

【流行病学】本病的传染性极强，传播迅速，感染和发病率很高，可引起仔猪大量死亡，造成严重的经济损失，在国际上被划分为 A 类烈性传染病。

本病主要为接触性传播，也能通过空气传播。在集约化猪场无明显的季节性，一年四季都可发生。患猪的水疱液、水疱皮、排泄物，以及发病头几天呼出的气体，均含有大量的病原，可通过呼吸道、消化道、损伤的皮肤黏膜等传播。

【症状与病变】潜伏期为 1~7 天，少数可达到 14 天。开始时，病猪发热，可达到 41℃，精神委顿，打盹，猪蹄底部或蹄冠部皮肤潮红、肿胀，继而出现水疱，行走呈跛行，有明显的痛感，行走发出凄厉的尖叫声，很快蹄壳脱落，蹄部不敢着地，病猪跪行或卧地不起。鼻镜出现一个或数个水疱，黄豆大或蚕豆大不等，水疱很快破裂，露出溃疡面，如无细菌感染，伤口可在 1 周左右逐渐结痂愈合。哺乳母猪的乳头常出现水疱，引起疼痛而拒绝哺乳；哺乳仔猪出现急性胃肠炎、急性心肌炎或四肢麻痹，衰弱死亡，死亡率可达 80% 以上；大猪一般无特征性病变，少数可见胃肠出血性炎症。仔猪呈现典型的"虎斑心"（心肌切面有淡黄色斑纹或不规则斑点）。

【诊断】该病呈流行性发生，传播速度快，发病率高，仔猪出现急性胃肠炎和肌肉震颤，成年猪口腔黏膜、鼻部及蹄部皮肤出现水疱、溃烂，个别可见心肌炎和胃肠炎病变。怀疑患该病时，可按我国动物重大疫病相关规定报告相关机构进行检验和确诊。

【诊断要点】该病多发于秋末、冬季和早春。成年病猪以蹄部水疱为主要特征，体温升高到40℃。口腔黏膜、鼻、蹄部和乳房皮肤发生水疱溃烂。乳猪发病时，临床多表现急性胃肠炎、腹泻以及心肌炎而突然死亡，其中心肌灰白色，有虎斑心病变。

【鉴别诊断】猪水泡病、塞尼卡谷病毒感染等也可发生类似口蹄疫病变，但它只感染猪，牛、羊等动物不发病。简单鉴别方法是用病猪的水疱液接种 7~9 日龄乳鼠，若是口蹄疫则乳鼠死亡，猪水泡病乳鼠不死。

【防治】

（1）加强对猪群健康状况的观察，发现可疑情况及时上报，做到及早发现、及时处理。一旦确诊，应采取综合性防治措施，捕杀病猪，封锁疫区，严格控制病原外传，疫区内所有猪只不能移动，污水、粪便、用具、病死猪要严格进行无害化处理。疫情停止后，须经有关主管部门批准，并对猪舍及周围环境及所有工具进行严格彻底的消毒，空置一段后才可解除封锁，恢复生产。

（2）免疫接种覆盖率应达 100%。使用猪口蹄疫 O 型、A 型二价灭活苗肌内注射，安全性可靠，但免疫力不强。使用猪 O 型口蹄疫灭活浓缩苗免疫效果较好。同时应加强免疫效果监测工作，按免疫程序接种疫苗，对抗性水平低的猪群应加强免疫。

（3）常规消毒防疫应纳入生产的日常管理，加强猪群消毒工作，猪群、猪体可用酸性消毒剂、氯制剂等消毒药物消毒，场地、环境选用烧碱、生石灰等彻底消毒。

猪水泡病

【病原】该病是由猪水泡病病毒引起的急性、接触性传染病，流行性强，发病率高，以病猪发热，蹄部、口部、鼻端和腹部、乳头周围皮肤和黏膜发生水疱为特征。在症状上与口蹄疫极为相似，但牛、羊等家畜不发病。

【流行病学】本病仅发生于猪，不同年龄、性别、品种的猪均可感染。病猪、潜伏期的猪和病愈带毒猪是主要的传染源。被病毒污染的饲料、垫草、运动场和用具以及饲养员等往往造成本病的传播。病毒通过受伤的蹄部、鼻端的皮肤，消化道黏膜而进入体内。

该病一年四季均可发生，在猪群高度集中的场所传播较快，发病率很高，可达70%~80%，但病死率较低。在分散饲养的情况下，很少引起流行。

【症状】病初体温升高至40~42℃，在蹄部出现1个或几个黄豆至蚕豆大的水疱，继而水疱融合扩大，1~2天后水疱破裂形成溃疡，露出鲜红的溃疡面，跛行明显。严重病例，由于继发细菌感染，局部化脓，造成蹄壳脱落，病猪卧地不起。在蹄部发生水疱的同时，有的病猪在鼻盘、口腔黏膜和哺乳母猪的乳头周围出现水疱。一般经10天左右能自愈，也可使初生仔猪死亡。

【诊断】本病在临诊上与口蹄疫、水泡性口炎及水疱疹极为相似，确诊必须进行实验室检查，常用的方法主要有补体结合试验、反向间接血凝试验，血清中和试验。

【防治】防止传入本病，不从有该病的国家和地区调运活畜和猪肉制品。经常对畜舍进行消毒，比较可靠的消毒药品有5%氨水、10%漂白粉液、3%福尔马林。

猪丹毒（俗称"打火印"）

【病原】该病原体为猪丹毒菌，是一种纤细、形直或微弯的革兰氏阳性菌。该菌对自然抵抗力较强，但对某些消毒剂敏感，如1%漂白粉、1%氢氧化钠、10%石灰乳均可在5~15分钟杀死病原。

【流行特点】该病传染途径有4种，第一种是通过消化道传染，猪吃了病猪的排泄物（粪尿）或血液所污染的饲料和饮水；第二种是皮肤的创伤处接触到丹毒杆菌；第三种是内源性感染；第四种是吸血昆虫吸了病猪的血液再叮咬健康猪，从而造成了病菌传播。

【临床症状】

急性型：急性型的临床症状随日龄和免疫状态而不同。仔猪，精神沉郁，食欲废绝，高烧（41～42℃），皮肤和耳朵发红并有红色斑块；大猪临床症状表现为：在24～45小时内皮肤上形成钻石斑，随着病情发展，能触摸到。白毛猪皮肤呈紫红色。妊娠母猪流产，公猪发烧，母猪发情增加。

慢性型：病猪可以康复，皮肤结节性坏死并且发黑，耳尖也可能烂掉；关节炎，病程经过2～3周时，关节肿胀，僵硬；如病程进一步发展，可影响心脏，往往引起心脏杂音，突然衰竭而死。

【诊断】依据本病的流行病学、临床症状、剖检病变等做出初步诊断。确诊必须依据实验室诊断，采取心、肺、脾、肝、关节组织或肾脏，进行病菌分离、鉴定。

【诊断要点】多发于夏天3～6月龄猪，病猪体温很高。多数病猪耳后、颈、胸和腹部皮肤有轻微红斑，指压褪色，病程较长时，皮肤上有紫红色疹块。胃底区和小肠有严重出血，脾肿大，呈紫红色。淋巴结和肾淤血肿大。在慢性病例心内膜二尖瓣有菜花样赘生物，关节内有增生物，关节肿大。

【预防】此病菌广泛地存在于环境中，加强饲养管理和卫生防疫，定期预防接种猪丹毒弱毒菌（配种后2周以内的母猪，妊娠末期的母猪及哺乳期的母猪不能注射）和灭活菌苗。发生疫情时认真消毒，隔离病猪，单独饲养治疗。

青霉素、氧氟沙星或蒽诺沙星等治疗有显著疗效。首选青霉素类药，并且加大剂量，每千克体重4万单位，肌内注射或静脉注射，每天2次，对绝大多数病例的疗效良好，极少数不见效，可选用氧哌嗪青霉素，若与庆大霉素合用，疗效更好。也可选用氧氟沙星或蒽诺沙星治疗（5毫克/千克体重，1日1次，肌内注射，连用3～5天）。

猪圆环病毒病

【病原】本病是由猪圆环病毒 2 型（PCV2）引起猪的一种新的传染病。主要感染 8~13 周龄猪，其特征为体质下降、消瘦、腹泻、呼吸困难。猪圆环病毒病可引发以下类型的疾病：猪断奶后多系统衰竭综合征、皮炎肾病综合征、猪呼吸道疾病综合征、繁殖障碍、先天性震颤、肠炎等。

【流行病学】猪圆环病毒的分布极为广泛。该病毒对猪具有较强的感染性，可经口腔、呼吸道途径感染不同年龄的猪群，育肥猪多表现为阴性感染，不表现临床症状；少数怀孕母猪感染后，可经胎盘垂直感染给仔猪，造成仔猪先天性震颤或断奶仔猪多系统衰竭综合征。

【症状和病变】断奶仔猪和青年猪发病率为 4%~25%，但病死率可达 90% 以上。病毒侵害猪体后引起多系统功能衰弱，临床症状表现为生长发育不良和消瘦、皮肤苍白、肌肉衰弱无力、呼吸困难，有20% 的病例出现贫血、黄疸，具有诊断意义。慢性病例表现为断奶后2~3 周的仔猪出现先天性的震颤，消瘦、咳嗽、呼吸困难、腹泻、皮肤苍白、黄疸为特征，死亡率较高。

典型病例死亡的猪，尸体消瘦，肌肉萎缩，淋巴结肿大 4~5 倍，切面呈均质苍白色。肺部有散在隆起的橡皮状硬块；肝脏变暗、萎缩；脾肿大，肉变；肾苍白有散在白色病灶，被膜易于剥落，肾盂周围组织水肿。胃在靠近食管区常有大片溃疡形成。

【诊断】根据临床症状，淋巴组织、肺、肝、肾特征性病变和组织学变化，可以做出初步诊断。确诊依赖病毒分离和鉴定。还可应用免疫荧光或原位核酸杂交进行诊断。

【防治】PCV2 灭活疫苗和弱毒疫苗可显著降低感染猪的病毒血症，降低死亡率，减少淘汰猪，在一定程度上可有效防控 PVC2 的感染，但疫苗免疫并不能完全中和猪体内的 PCV2，进而清除猪群的病毒。已有 PCV2 嵌合疫苗、PCV2 Cap 蛋白亚单位疫苗上市，在疫病预防、净化和根除中可发挥关键作用。免疫程序：仔猪，7 日龄首免，21 日龄二免；母猪，产前 40～30 日龄首免，产前 20～15 日龄二免。

对该病的预防措施，除加强常规饲养管理，提高营养水平，注意环境卫生及消毒制度，实行全进全出制度外，应注意以下几点。

（1）病猪和带毒猪是主要传染源，公猪的精液可带毒，通过交配传染母猪，母猪可通过多种途径排毒或通过胎盘传染仔猪，造成仔猪的早期感染，所以，清除带毒猪并净化猪场十分重要。

（2）猪圆环病毒易与多种细菌同时感染猪体或继发多种细菌感染，一旦如此，则后果更为严重，所以要采取综合防治措施，严防细菌并发或继发感染是控制本病的重要措施。继发感染重的猪场建议使用替米考星类药物。

（3）该病主要由病毒感染或继发感染所致，可用抗病毒药物、免疫调节制剂，如黄芪多糖注射液等来治疗。

（4）全进全出，避免不同日龄的猪混群饲养。

（5）减少应激，避免发霉变质饲料，通风换气，降低密度。

猪炭疽

【病原】该病是由炭疽杆菌引起的一种人畜共患的急性、热性、败血性传染病。常呈散发性或地方流行性，不仅危害家畜，也威胁人类健康。炭疽杆菌存在于病死动物的血液、脏器及皮革中，遇不良环境时，可形成芽孢，在土壤中能存活数十年。升汞、福尔马林及高锰酸钾对芽孢有较强的杀伤力，常用消毒药对其无效。

【流行病学】各种家畜及人均有不同程度的易感性，猪的易感性较低。患病动物的尸体、分泌物和排泄物是主要传染源。病畜的排泄物及尸体污染的土壤中，长期存在着炭疽芽孢，当猪食入含大量炭疽芽孢的食物或感染炭疽的动物尸体时，即可感染发病。本病多发生于夏季，呈散发或地方性流行。

【症状与病变】潜伏期一般为 2～6 天。根据侵害部位分类如下。

（1）咽喉型。主要侵害咽喉及胸部淋巴结，开始咽喉部明显肿胀，渐次蔓延至头、颈，胸下与前肢内侧。体温升高，呼吸困难，精神沉郁,不吃食,咳嗽,呕吐。一般在胸部水肿出现后24小时内死亡。主要病变为颌下、咽喉、颈前淋巴结呈出血性淋巴结炎,病变部位呈粉红色至深红色,与正常部位界限明显。

(2)肠型。主要侵害肠黏膜及其附近的淋巴结。临床表现为不吃食,呕吐,血痢,体温升高,最后死亡。主要病变为肠管呈暗红色,肿胀,有时有坏死或溃疡,肠系膜淋巴结潮红肿胀。

(3)败血型。病猪体温升高,不吃食,行动摇摆,呼吸困难,全身痉挛,嘶叫,可视黏膜蓝紫,1~2天内死亡。病理剖检时,血液凝固不良,天然孔出血,血液呈黑红色的煤焦油样,各脏器出血明显,脾脏肿大,呈黑红色。

【诊断】咽喉型病例临床上需与急性猪肺疫进行鉴别诊断。急性猪肺疫有明显的急性肺水肿症状,口鼻流泡沫样分泌物,呼吸特别困难。

炭疽病畜一般不做病理解剖检查,防止尸体内的炭疽杆菌暴露在空气中形成炭疽芽孢,变成永久的疫源地。确诊要依靠微生物学及血清学方法:采集病料涂片染色,若发现具有荚膜的、单个、成双或成短链的粗大杆菌即可确诊。

【防治】防治原则是尽快治疗,尽早隔离,严格封锁、消毒。

发现本病时,应尽快上报疫情,划定疫点、疫区,采取隔离封锁等措施。封锁疫点,病死猪和被污染的垫料等一律烧毁,被污染的水泥地面用20%漂白粉或0.1%碘溶液等消毒。若为土地面,则应铲除表土15厘米,被污染的饲料和饮水等均需消毒处理。对发病畜群要逐一测温,凡体温升高的可疑患畜可用青霉素等抗生素注射。猪场内未发病猪和猪场周围的猪一律用炭疽芽孢苗注射。禁止食用病畜乳、肉及其污染的畜产品。在最后1只病猪死亡或治愈后15天,再未发现新病猪时,经彻底消毒后可以解除封锁。

青霉素对该病治疗有效,大猪每次注射80万~100万单位,小猪20万~40万单位。如有抗炭疽血清作皮下或静脉注射,与青霉素合并使用,效果更佳。

在疫区或常发地区，每年对易感动物进行预防注射，常用的疫苗是无毒炭疽芽孢苗，接种 14 天后产生免疫力，免疫期为一年。

猪附红细胞体病

【病原】附红细胞体病又称附红体病、血虫病、红皮病，该病原是一种立克次氏体，寄生于猪、羊等家畜红细胞表面、血浆以及骨髓中，可造成红血球的改变而容易被体内的网状内皮系统或吞噬细胞所破坏，因而造成红血球数量的减少，导致贫血、发育减慢、料肉比提高。附红小体对干燥和化学药品较敏感，一般消毒药几分钟就可将其杀死，但对低温的抵抗力较强。

【流行病学】该病多发于高热、多雨且吸血昆虫滋生的季节，我国南方猪感染主要集中在 6—9 月，北方 7 月中旬到 9 月中旬。不同年龄和品种的猪都易感，仔猪的发病率和死亡率较高。患病猪与隐性感染猪是最重要的传染源。此外，老鼠、节肢动物，如疥螨、蚊子、蜱、蠓等能够携带病原传染给猪。该病还可通过胎盘感染胎儿，引起流产。本病广泛分布于世界各地，在我国养猪密集区呈现暴发流行的趋势。

【症状与病变】典型临床症状表现为消瘦、贫血、黄疸。根据病程长短不同表现为 3 种类型。急性型：体温 40~41℃，多表现突然发病死亡，死后口鼻流血，全身发紫，指压褪色。亚急性型：体温 39~40℃，病初精神沉郁，食欲减退，全身肌肉颤抖，转圈或不愿站立，便秘，耳朵、四肢先开始发红，后逐渐弥漫全身，俗称"红皮猪"。慢性型：体温 39.5℃左右，病猪食欲减少或废绝，粪便呈棕红色或带黏液性血液；两后肢抬举困难，站立不稳，不愿走动；呼吸困难，咳嗽，轻度黄疸；耳尖变干，边缘向上卷起，严重者耳朵干枯坏死脱落；全身大部分皮肤呈红紫色，四肢蹄冠部青紫色，指压不褪色，病程较长，最后衰竭死亡。隐性感染母猪产死胎、木乃伊胎等。

【诊断】根据流行病学、临床症状、病理剖检可初步诊断为该病，确诊需进行实验室检验。

【防治】坚持自繁自养，在引进外地猪种时应严格检疫，并隔离观察至少一个月。切断动物传播途径，消灭蚊蝇等害虫。杜绝机械传播途径，在疫苗接种、疫病治疗需要注射时要注意针头的彻底消毒。确保全价营养，增强机体抵抗力，减少不良应激。

药物预防，主要是口服附红净。散养户，按猪每千克体重每天0.25克的量饲喂，每天1次，连喂10~15天。规模化养猪场，附红净按0.2%比例配制饲料，连喂15~21天。

以早期用药，标本兼治，控制继发感染为原则。常用的药物有血虫净、黄色素、阿散酸、四环素、土霉素、卡那霉素、庆大霉素等。

各种病的鉴别诊断见表3-2至表3-5。

表3-2 猪五大传染病鉴别诊断要点

项目	病名	猪瘟	猪丹毒	猪肺疫	猪气喘病	仔猪副伤寒
流行特点	发病季节	四季可发	夏秋冬季常见	春秋气候骤变	冬春冷季常发	管理不善，天气骤变时多发
	发病年龄	不分年龄	断乳后至10月龄最易感	3~12月龄最易感	不分年龄，但小猪易感	2~4月龄最易感
	流行形式	传播迅速，发病率高，呈流行性	地方性流行	多呈散发	地方性流行	散发或地方性流行
	死亡率	高达60%~80%	急性死亡率高，慢性死亡率低	急性型死亡率高达70%	较低，但继发感染时死亡率高	为20%~50%
主要症状	体温	多为40.5~42℃	达42℃以上	常为40~41℃，很少超过41.5℃	无显著变化	急性病例可达42℃左右
	皮肤	出血斑点，指压不褪色	方形或菱形疹块，指压褪色	小出血点，黏膜紫色	无明显变化	急性型为红紫色，病后期紫色
	呼吸	时有咳嗽	呼吸加快	呼吸困难，咳嗽，犬坐式呼吸	气喘，腹式呼吸，咳嗽	一般不表现呼吸困难
	粪便	病初便秘后下痢，有黏液	通常便秘，后期下痢	病初便秘后下痢，带血	常无明显变化	下痢，恶臭，粪便带血和气泡

续表

项目 病名		猪瘟	猪丹毒	猪肺疫	猪气喘病	仔猪副伤寒
剖检变化	心脏	心内、外膜点状出血	急性有出血点，慢性瓣膜有疣状物	心内、外膜点状出血	无变化	无变化
	肺	轻度肿胀，散布出血点	充血，水肿	有肝变区，切面似大理石样	心叶、尖叶、隔叶两侧对称性肉变	慢性病例变硬，并有干酪样坏死
	胃及十二指肠	有点状出血	胃及十二指肠黏膜出血	点状出血	无明显变化	基本无变化
	大肠	扣状溃疡斑	无明显变化	基本无变化	无变化	肠壁增厚
	肝脏	变化不显著	肿大	基本无变化	基本无变化	肿大，间或有坏死灶
	脾脏	边缘黑色梗死	肿大，樱桃色	无明显变化	无明显变化	肿大，呈橡皮质地
	肾	有似针尖出血点	肿大，皮质出血	点状出血	无明显变化	无明显变化
	膀胱	点状出血	基本无变化	无明显变化	无变化	无变化
	淋巴结	肿大，周边出血，切面似大理石	充血，肿胀，切面多汁有光	肿胀，出血	胸腔淋巴结显著肿大	肿胀，出血
	病原	猪瘟病毒	猪丹毒杆菌	多杀性巴氏杆菌	猪肺炎支原体	猪霍乱沙门氏菌和猪伤寒沙门氏菌

表3-3 几种猪的繁殖障碍病的鉴别诊断

项目	伪狂犬病	细小病毒病	衣原体病	乙型脑炎	猪瘟	蓝耳病
主要症状	死胎为主，弱仔3天内全部死亡，经产、头胎猪均可发生。神经症状	木乃伊胎为主，头胎猪流产，早期流产	妊娠后期流产；肺炎、肠炎较多	公猪睾丸炎；死胎，木乃伊胎较多；个别病猪表现神经症状	木乃伊胎、死胎或弱仔，各猪群均发病，死亡率高	流产、死胎、木乃伊胎、弱仔，育肥猪很少发病
诊断	脑病料接种家兔，接种部位奇痒、死亡	血清学、病毒分离鉴定	涂片染色，镜检	虫媒传播有季节性	解剖特征性病变	血清学、病毒分离鉴定

表3-4 呈现神经症状猪病的鉴别诊断

项目	症状		流行特点						病理变化
	神经症状	其他主要症状	发病年龄		病死率	传播途径	流行形式	发病季节	感染范围	
			仔猪	成年猪						
猪伪狂犬病	明显	新生仔猪败血症，成年猪呈流感样，母猪流产	+++	+	仔猪达80%	呼吸道及消化道	地方流行或散发	无季节性	多种动物发病	非化脓性脑炎
猪狂犬病	明显	对人畜有攻击性	+++	+++	可达100%	咬伤为主	散发	无季节性	多种动物	眼观无变化
猪日本乙型脑炎	一般无，少数出现	公猪睾丸炎，母猪流产、死胎	±	+++	很低	蚊叮咬	散发	7—9月多发	多种动物	非化脓性脑炎
猪李氏杆菌病	明显	败血症，进行性消瘦，流产母猪	+++	+	可达70%	消化道或内源性感染	地方流行或散发	冬春多发	多种动物及人	化脓性脑炎
猪水肿病	明显	头部水肿，呼吸困难，速发型过敏反应	+++	+	高	消化道	地方流行性	4—9月多发	5—10月龄仔猪	肠系膜、胃黏膜水肿
神经性猪瘟	较明显	败血症，肠炎，产死胎	+	-	可达100%	消化道	流行性	无季节性	猪	非化脓性脑炎
猪食盐中毒	明显	出血性胃肠炎，无传染性	+++	+	不定	饲喂不当	群发	无季节性	猪、鸡等	出血性胃肠炎
猪破伤风	明显	肌肉强直，有创伤史	+++	+	可达100%	伤口	散发	无季节性	多种动物	非化脓性脑炎
猪链球菌病	明显	发烧，败血症，关节炎，皮肤脓肿	+++	+++	达50%	呼吸道或内源性感染	地方流行	7—9月多发	多种动物	化脓性脑炎

表3-5 几种猪腹泻病的鉴别诊断

项目	流行特点	主要症状	剖检变化
猪传染性胃肠炎	各年龄段的猪均可发病，仔猪病死率高，大猪很少死亡，传播速度快，发病率高，多见于寒冷季节	呕吐、腹泻，灰色或黄色水样粪便，病猪脱水，消瘦	胃肠卡他性炎症，空肠、回肠绒毛萎缩，肠壁变薄

续表

项目	流行特点	主要症状	剖检变化
猪流行性腹泻	与猪传染性胃肠炎相似，但病死率低，传播速度较慢	与猪传染性胃肠炎相似	与猪传染性胃肠炎相似
猪轮状病毒病	发病多为8周龄以下的猪，多见于寒冷季节，发病率高而死亡率低	与猪传染性胃肠炎相似但较缓，多为灰色或黄色水样粪便	与猪传染性胃肠炎相似但较轻
仔猪白痢	7~30日的仔猪多发，季节性不明显，病死率不高	不呕吐，排白色糊状稀粪，病程2~3天	小肠卡他性炎症，空肠无变化
仔猪黄痢	1周龄内仔猪常发，呈地方流行性，发病率和死亡率较高	排黄色浆状稀粪，很快脱水，昏迷死亡，病死率高	小肠卡他性炎症，十二指肠最严重
仔猪红痢	3日龄内仔猪常发，1周龄以上很少发病，病死率高	排红色稀粪	小肠后段出血、坏死，肠内容物红色
猪副伤寒	1~4月龄的猪多发，无明显季节性	持续下痢、粪便恶臭、耳、腹及四肢皮肤呈深红色，后期呈紫色	败血症变化，盲肠、结肠溃疡和伪膜，肠壁变厚
猪痢疾	2~3月龄猪多发，季节性不明显，流行期长，死亡率低	开始粪便变软，带黏液，体温升高，后粪便呈黏液－血丝－水样变化，腹痛，弓背	主要病变在大肠，出血性肠炎，黏膜表层坏死

第二节　猪的常见寄生虫病

猪蛔虫病

蛔虫病是猪的一种常见肠道寄生线虫病。主要侵害3~6月龄仔猪，导致生长发育不良或停滞，甚至死亡，感染率达50%以上。

【虫体特征】猪蛔虫寄生于猪的小肠中，是一种大型线虫。新鲜虫体为淡红色或淡黄色，死后则为苍白色。雄虫体长15~25厘米，宽3毫米，雌虫长20~40厘米，宽5毫米，虫体呈中间稍粗两端较细的圆柱形。虫卵呈短椭圆形、黄褐色或淡黄色。

【流行病学】病猪和带虫猪是本病的传染源。蛔虫卵随粪便排出后，在适宜的温度和湿度下，经 3~5 周发育成含成熟幼虫的感染性虫卵，猪吞食了感染性虫卵而被感染。

【症状】以 3~6 月龄的仔猪感染后症状明显。临床表现为咳嗽、呕吐、磨牙、腹痛、消瘦、贫血、黄疸等可考虑猪蛔虫病，同时进行粪便检查虫卵，如 1 克粪便中，虫卵数达 1 000 个时，可确诊。

【防治】

（1）驱虫程序。种公猪春秋两次驱虫。后备母猪配种前 4 周驱虫 1 次，母猪配种后 4 周和产前 2 周分别驱虫 1 次，母猪体内成虫基本被驱除。4 月龄幼猪驱虫 1 次。母猪未做驱虫，仔猪在 3 月龄驱虫 1 次，严重的 2 个月后可再驱 1 次。

（2）管理。保持饮水、饲料清洁，猪舍通风，采光良好，避免潮湿和拥挤。在春末或秋初深翻一次猪圈及周围的土地，或刮去一层表土，并用石灰消毒。清除的猪粪和垫草，要运到距猪舍较远的场所堆积发酵。引入猪只时，应先隔离饲养，进行粪便检查，发现患猪，进行 2 次驱虫后再并群饲养。蛔虫生活史见图 3-1。

（3）治疗。

① 左旋咪唑（驱虫净）7.5~8 毫克/千克口服。

② 枸橼酸派吡嗪（驱蛔灵）0.2~0.3 克/千克口服。

③ 丙硫咪唑 10~20 毫克/千克口服，或噻苯唑 50~100 毫克/千克口服。

④ 伊维菌素 0.3 毫克/千克皮下注射。

⑤ 灭虫丁（阿佛菌素），每千克体重 0.3 毫克，皮下注射。

⑥ 断肠草鲜叶 100~150 克，切碎混入少量饲料中供 50 千克猪 1 次喂服。

⑦ 使君子 20~30 克（小猪 20 克、中猪 25 克、大猪 30 克）研末，拌入少量玉米面，空腹后 1 次喂下，连用 2 日。

⑧ 生南瓜籽 15 克捣碎，混合 15 克芒硝，拌入饲料内服，一日 2 次。

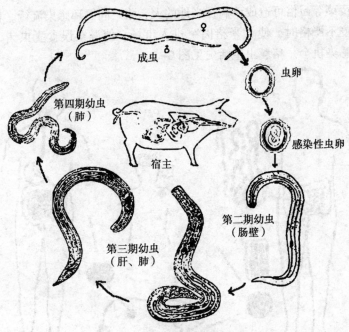

成虫

虫卵

第四期幼虫
（肺）

感染性虫卵

宿主

第二期幼虫
（肠壁）

第三期幼虫
（肝、肺）

图3-1　蛔虫生活史

猪囊虫病

　　猪囊虫病又称猪囊尾蚴病，俗称"米猪""豆猪"，是由人的猪带绦虫的幼虫即囊尾蚴寄生于猪体内引起的一种人兽共患寄生虫病。

　　【虫体特征】成熟的囊尾蚴，外形椭圆，约黄豆大，为半透明的包囊，囊内充满液体。囊泡内有一小米粒大小的白点。猪囊尾蚴的成虫寄生在终末宿主（人）的小肠里，称为猪带绦虫，成虫体长2~5米，虫体乳白色带状。

　　【流行病学】在饲养管理、卫生环境较差时，散养猪常因食入绦虫病人的粪便而患该病，或人因生吃或食入未煮熟的患囊虫病的猪肉而患绦虫病，同时人常常因自体感染而患人囊虫病特别是脑囊虫病。无圈散放或"连茅圈"易造成本病的流行；另外喜生吃或半生吃猪

肉、蔬菜等习俗可造成该病在当地的人、猪之间循环感染流行。在市场检疫不严格时，使"米猪肉"进入市场，使群众误食囊虫猪肉而增加感染机会。猪囊虫生活史见图3-2。

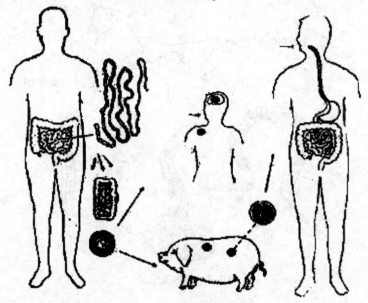

图3-2　猪囊虫的生活史

【症状】一般无明显的临床症状。在猪患病严重时，腮部肌肉发达，前膀宽，胸部肌肉发达，而后躯相应的较狭窄，即呈现"雄狮状"，前后观察患猪表现明显的不对称；患猪睡觉时，外观其咬肌和肩胛肌皮肤常表现有节奏性的颤动；外观患猪的舌底、舌的边缘和舌的系带部有突出的白色囊泡，手摸时可感觉到游离性米粒大小的硬结；患猪眼球外凸，饱满，用手指挤压猪的眼眶窝皮肤可感觉到眼结膜深处有似米粒大小游离的硬结；翻开猪的眼睑可见眼结膜充血，并有分布不均的米粒状白色透明的隆起物。

【防治】

（1）预防。要养成良好的卫生习惯做到人有厕所猪有圈，彻底消灭"连茅圈"，坚决杜绝猪吃人粪；要做好卫生检验工作，执行食品卫生法，杜绝囊虫猪肉上市，发现有囊虫寄生的猪肉严格按国家兽医卫生管理规定处理。

（2）治疗。

①吡喹酮60~120毫克/千克加适量面粉和水调成丸剂口服；间隔7天重复给药1次，或按70~80毫克/千克，用70%酒精将之稀释为20%的混悬液，一次肌内注射。

②丙硫咪唑50~100毫克/千克，分3~4次拌入饲料中喂服，或80毫克/千克一次深层肌肉多点注射。

③对用药发生不良反应时，如呼吸困难、肌肉震颤、呕吐等，可静脉注射高渗葡萄糖、碳酸氢钠等药。

猪弓形虫病

【病原特征】该病是由刚地弓形虫引起的一种人兽共患寄生虫病。该病的发生与卫生条件差、接触猫科动物有极大关系，而与地理、气候等自然条件无关。经口感染是其常见的感染方式，此外也可经皮肤、呼吸道、眼等途径感染。弓形虫生活史见图3-3。

【症状与病变】病猪持续发热、皮肤有紫斑和出血点、贫血、大便干燥、呼吸高度困难。妊娠母猪除上述症状外，还发生流产，产死胎或产出弱仔，很少产木乃伊胎儿。解剖可见肺水肿，肝及全身淋巴结肿大，结肠、盲肠有大片的溃疡坏死灶。

【诊断】依据本病的流行病学、临床症状、剖检病变等可做出初步诊断。确诊必须依据实验室诊断，采取肺和支气管淋巴结，染色后显微镜检弓形虫；或进行血清学检查，弓形虫抗体阳性，表明感染弓形虫；用PCR进行诊断。

【防治】

（1）治疗。100~150毫克/千克体重磺胺嘧啶或磺胺二甲基嘧啶，配合14毫克三甲氧苄氨嘧啶口服，每日1次，连用4天，首次用量加倍。

（2）在疫点连续7天进行药物预防，可以防止弓形虫感染。

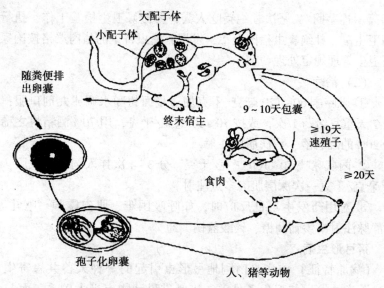

大配子体

小配子体

随粪便排
出卵囊

终末宿主

9~10天包囊

≥19天
速殖子

≥20天

食肉

孢子化卵囊

人、猪等动物

图3-3 弓形虫生活史

（3）猪场禁止养猫。

猪旋毛虫病

该病是由旋毛虫引起的寄生性线虫病。成虫寄生于肠管，称肠旋毛虫；幼虫寄生于横纹肌，称肌旋毛虫。旋毛虫病是一种重要的人兽共患的寄生虫病，多见于猪和犬、猫等动物。

【虫体特征】成虫细小、白色，虫体前细后粗，较粗的后部占虫体一半稍多。雄虫长1.4~1.6毫米，雌虫长3~4毫米。寄生于肌肉内的幼虫，可达1.15毫米，蜷曲于肌纤维间形成包囊，包囊两端钝圆呈梭状，长0.5~0.8毫米。猪主要因吃了有肌肉旋毛虫的鼠类或肉屑而感染。成虫与幼虫一般寄生于同一个宿主体内。其生活史见图3-4。

【流行病学】猪感染的原因多因吞食了未煮熟的带有旋毛虫的碎肉垃圾或带有旋毛虫的尸体如鼠、蝇蛆以及某些动物排出的含有未被消化的肌纤维和幼虫包囊的粪便等。

【症状】旋毛虫病可分为由成虫引起的肠型和由幼虫引起的肌型

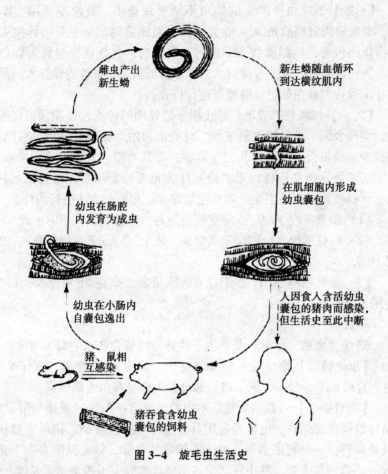

图 3-4　旋毛虫生活史

两种。肠型成虫侵入肠黏膜而引起食欲减退、呕吐、腹泻、粪中带血。对猪危害严重的主要是肌型，只有严重感染时，才出现临床症状。在感染后 3~7 天体温升高，腹泻，有时有呕吐，患猪消瘦。其后呈现肌肉僵硬和疼痛，呼吸困难，发音嘶哑。有时尚有面部浮肿、吞咽困难等症状。

【诊断】旋毛虫所产生的幼虫不随粪便排出，粪检不适用于本病。宰后采两侧膈肌角 30～50 克，撕去肌膜后观察是否有细针尖大未钙化的包囊，呈露滴状，半透明，较肌肉的色泽淡，包囊为乳白色、灰白色或黄白色。可疑时从肉样不同部位，剪成像麦粒样大，用玻片压薄后，放在低倍显微镜下进行检查。

【防治】加强饲养管理，禁止用未经处理的碎肉垃圾和残肉汤喂猪。实行舍饲，做好防灭鼠工作。对收集的泔水必须煮熟后再喂猪，以减少感染机会。加强肉品卫生检验，尤其对猪、犬肉旋毛虫检验。生猪屠宰场、肉联厂将旋毛虫检验作为重要检验项目。对检出的病肉，严格按国家兽医卫生管理规定处理。采用下列方法进行治疗。

（1）磺苯咪唑 30 毫克/千克肌内注射，每日 1 次，连用 3 天。

（2）丙硫咪唑 20 毫克/千克口服，或 15 毫克/千克饲料混入，连喂 10 天。

（3）氟苯哒唑 30 毫克/千克或伊维菌素 2 毫克/千克混入饲料内连用 5～10 天。

猪虱

猪虱（血虱、兽虱）是寄生于体外一种较为普遍的寄生虫病。

【虫体特征】雄虫长 3.5～4.2 毫米，雌虫 4～6 毫米。虫体呈灰色，背腹扁平，分头、胸、腹三部分，虫卵呈黄白色椭圆形。

【流行病学】带虱的大猪是本病的主要传染源。健康猪与带虱病猪接触可直接感染，也可通过用具、垫草等间接感染。猪虱繁殖快，又善爬行，一旦有猪感染，可迅速传播及全群。猪虱只能寄生于猪，大、小猪均可寄生，其中仔猪受害明显。本病一年四季均可发生，但以寒冷季节感染严重。虱除吸食血液影响猪生长发育外，还可作为媒介传播其他一些传染病等。

【症状】在病猪的腋下、大腿内侧、下颌、颈下部、耳朵后最为多见。受害病猪表现为不安、瘙痒，致使皮肤粗糙，形成皱裂、被毛脱落，甚至发生炎症和痂皮。病猪食欲减退、营养不良，不能很好睡眠，导致消瘦，增重缓慢，幼猪发育不良。

【诊断】病猪到处擦痒，食欲减退，消瘦，生长发育不良，并在猪体上找到虫体和虱卵即可确诊。

【防治】搞好猪舍、猪体的清洁卫生，要经常检查猪体，特别从外购进的猪更应详细检查耳根、下颌、腋间、股内侧有无猪虱，毛上有无虱卵，一经发现及时治疗。

（1）用0.5%～1%的兽用精制敌百虫溶液喷射猪体患部，每天1次，连用2次即可杀灭。

（2）烟叶30克，加水1千克，煎汁涂擦患部，每天1次。

（3）用花生油擦洗生虱子的地方，短时间内，虱子便掉落下来。

（4）生猪油、生姜各100克，混合捣碎成泥块，均匀地涂在生长虱子的部位，1～2天，虱子就会被杀死。

（5）食盐1克、温水2毫升、煤油10毫升，按此比例配成混合液涂擦猪体，虱子立即死亡。

（6）百部250克、苍术200克、雄黄100克、菜油200克，先将百部加水2千克煮沸后去渣，然后加入细末苍术、雄黄拌匀后加入菜油充分搅拌均匀后涂擦猪的患部，每天1～2次，连用2～3天可全部除尽猪虱。

猪球虫病

猪球虫病由艾美耳科艾美耳属和等孢属的球虫寄生于猪小肠引起。

【流行病学】过去该病很少发生，但在规模化、集约化养殖，高强度免疫以及卫生条件比较差等多种应激因素作用下，猪群整体抵抗力水平下降，球虫感染是引起仔猪腹泻的主要原因之一。该病主要危害仔猪，成年猪常为隐性感染或带虫者，母猪带虫时往往会引起一窝仔猪同时或先后发病，严重时可导致死亡。

【症状】患病猪排黄色或灰色粪便、粪便恶臭，初期为黏性，1～2天后排水样粪便，腹泻可持续4～8天，导致仔猪脱水、失重、衰弱；仔猪发热、食欲下降，体重减轻。还会引起传染性胃肠炎以及大肠杆菌和轮状病毒的感染，进一步导致仔猪死亡。

【诊断】根据临床症状结合粪便检查球虫卵囊，或小肠涂片和组织切片发现发育阶段的虫体，可做出诊断。

【防治】采取良好的饲养管理和卫生措施，是预防猪球虫病发生的主要方法，如保持清洁而干燥的场地，干净的饲槽和饮水器，防止粪便污染，新生仔猪尽早喂给初乳，尽量减少断奶、突然改变饲料和运输产生的应激因素。发生球虫病时，可使用抗球虫药进行药物预防。

第三节　猪的常见内科病

中暑

【病因】中暑，又叫日射病，主要是在炎热的夏季，由于猪体特别是猪的头部，受到烈日的直接照射，以致脑部充血而发病。在炎热的夏季，常因气候特别闷热，猪圈拥挤，通风不良，或者暑天的长途运输，体温不能散发出去，使体内积热过多而发生的神经障碍。膘肥及长期缺少饮水的牲畜，易于发病。

【症状】病发生突然，病情发展快。呼吸迫促，心跳加快，体温可达43℃，皮肤发烫，口流泡沫，眼结膜及舌呈蓝紫色，不食，喜饮水，步行不稳，大多卧地不起，有时狂躁不安，四肢抽搐，神志昏迷。多因虚脱而死。

剖检时，可见血液凝固不良，鼻孔有血样泡沫，心脏、脑膜出血，肺水肿等。

【防治】以做好防暑降温工作为主。猪棚应宽敞通风，气温达到28℃以上时，用冷水喷洒猪体帮助猪体散发热量并供应充足饮水。夏天猪群密度不宜过密。炎热天气运输猪群，最好在清晨或傍晚，注意遮阴、通风和装运密度。在长途运输中应按时供应饮水。一旦发病，采用治疗方法如下。

（1）立即将病猪移至荫凉通风处，用凉水浇病猪的头部和胸部，同时喷洒全身，或者用凉水反复灌肠。

（2）肌内注射强心剂：10%安钠咖 2~10 毫升。

（3）对兴奋不安的，按每千克体重肌内注射氯丙嗪 2 毫克，或按每千克体重肌内注射苯巴比妥钠 10~30 毫克。

（4）静脉注射葡萄糖生理盐水 100~500 毫升，并用生理盐水灌服。

猪肺炎

【病因】肺炎是肺实质发炎，由于肺泡内的渗出物增加，引起呼吸机能障碍的一类炎症。受寒感冒是诱发肺炎的主要原因，也继发于其他疾病，另外吸入刺激性气体或气管异物均可引起发病。本病秋、冬两季较多，常有细菌感染。有些传染病（流行性感冒）或寄生虫（肺线虫、蛔虫幼虫）病也可继发该病。

【症状与病变】病猪食欲废绝，体温升高至 40℃ 以上，喜卧畏冷、咳嗽、气喘。流鼻涕，初为白色浆液，后变黏稠灰白或黄白色。严重病例，咳嗽剧烈，呼吸迫促，全身皮肤呈蓝紫色，后期呼吸极度困难。异物性肺炎时，呼出气恶臭，鼻汁污秽。

剖检时有大叶性肺炎：肺肿大，病灶暗红色，呈大理石肝变。小叶性肺炎：肺部病灶小，初期暗红色，后转灰白色。

【诊断】了解病史，调查当地当时家畜有无上述传染病或寄生虫病的流行，判断是初发还是继发。

【防治】加强饲养管理，预防感冒。

（1）消除炎症。用 20%磺胺嘧啶钠注射液 10~20 毫升肌内注射，1 日 2 次，或口服长效磺胺。青霉素 80 万~120 万单位和链霉素 100 万单位，注射用水 10 毫升，稀释后肌内注射，1 日 2 次。也可用四环素，庆大霉素，卡那霉素等。

（2）祛痰止咳。内服氯化铵及碳酸氢钠各 1~2 克，1 日 2 次，拌入饮料中喂食。同时，也可用 10%氯化钙液 10~20 毫升，静脉注射，每日 1 次。

（3）对症治疗。体衰弱时，可静脉注射 25%葡萄糖注射液 300~

500 毫升，心衰弱时，可皮下注 10% 安钠咖 2~10 毫升，每日 3 次。

猪胃肠炎

【病因】胃肠炎是猪胃肠黏膜的剧烈炎症，严重者损害黏膜下层、肌层和浆膜。发病原因主要是喂了发霉、变质的饲料和不洁的饮水，维生素 A 缺乏或吃了有毒的植物而引起的。此外，猪瘟、猪副伤寒、猪肺疫、传染性胃肠炎及蛔虫病等也能继发本病。

【症状】病初出现呕吐，腹部有压痛反应，呈急性胃肠卡他症状，病猪精神不振，食欲减退或不吃，眼结膜先潮红后黄染，舌苔重，口渴。随着病的发展，出现腹泻，气味酸臭，病猪拱背，不愿走动，后期拉稀严重，营养良好的壮畜，治疗及时，可望康复。重剧患畜，病程持续 1 周以上的，预后不良。临死前的病危症状是高度沉郁，心脏衰弱，出冷汗，脱水严重，血便或顽固便秘，患畜走路踉跄，口唇松弛下垂。要与猪传染性胃肠炎相区别。

猪传染性胃肠炎是猪的一种高度接触性肠道疾病。以呕吐，严重腹泻和失水为特征。各种年龄都可发病，10 日龄以内仔猪病死率很高，可达 100%。流行性潜伏期很短，一般为 15~18 小时，有的可延长 2~3 天。本病传播迅速，数日内可蔓延全群。仔猪突然发病，首先呕吐，继而发生频繁水样腹泻，粪便黄色、绿色或白色，常夹有未消化的凝乳块。

【诊断】首先应根据全身症状，食欲紊乱，舌苔变化，以及粪便中含有病理性产物等，做出正确诊断。

进行流行病调查，血、粪、尿的化验，对单纯性胃肠炎、传染病、寄生虫病的继发性胃肠炎进行鉴别诊断。怀疑中毒时，应检查草料和其他可疑物质。若口臭显著，食欲废绝，主要病变在胃；若黄染及腹痛明显，初期便秘并伴发轻度腹痛，腹泻出现较晚，主要病变可能在小肠；若脱水迅速，腹泻出现早并有里急后重症状，主要病变在大肠。

【防治】

(1) 首先要查明病因，治疗的原则是清理胃肠，保护胃肠黏膜，制止胃肠内容物的腐败发酵，维持心脏机能，解除中毒，预防脱水和增强家畜抵抗力等。同时加强饲养管理，注意饲料、饮水清洁，青粗饲料搭配适当，每天喂给适量的食盐。

（2）严重腹泻并有大量黏液时，可用磺胺类或抗菌素治疗，在选用抗生素时，最好送检患畜粪便，做药敏试验，为选用或调整药物提供参考。如磺胺咪，每千克体重 0.2 克，首次量加倍，每日 2～3 次；合霉素或土霉素每千克体重 0.1 克，按 50 千克计可内服 5 克，每日 2～3 次。另配合鞣酸蛋白、次硝酸铋或药用炭，清除胃肠内容物。

（3）严重腹泻引起脱水时，除充分供给饮水外，可用温生理盐水灌肠或静脉注射葡萄糖生理盐水。

感冒

【病因】猪感冒多因天气骤变、忽冷忽热、营养不良、体质瘦弱、露宿雨淋、寒风侵袭等引起。

【症状】猪患感冒时吃食减少，精神不振，体温 40℃ 左右，鼻流清涕，有时咳嗽，耳尖、四肢下部发凉，体表温度不均，畏寒发抖，不愿活动，是一种急性发热性疾病。在早春和深秋气温骤变的季节最易发生，不传染其他猪只，要与猪流感相区别。

猪流行性感冒是猪流感病毒引起的一种急性呼吸道传染病。临床特征为突然发病，迅速蔓延全群，此病毒主要存在于病猪和带毒猪的呼吸道分泌物中，排出后污染环境，饲具、剩料、剩水、病猪、老鼠、蚊蝇叮咬、飞沫、空气流通等都是此病的传播途径。体温迅速升高至 40.5～42.5℃，呼吸和心跳次数增加，最后严重气喘，呈腹式或犬坐式呼吸。大便硬发展到便秘，小便少呈黄色。

【防治】

（1）解热镇痛，抗菌消炎。可内服阿司匹林 2～5 克；针剂可用穿心莲、柴胡等注射液 3～5 毫升，每天一次肌内注射。

（2）加强饲养管理工作，在季节更替前后和冷湿的冬季，应特别注意保暖工作，防止感冒，供应充足清洁饮水和少量易消化饲料。也可用绿豆 250 克，柴胡、板蓝根 100 克，煎成 10 千克饮水，有较

好的预防作用。

猪消化不良症

【病因】猪消化不良症是胃肠消化机能障碍的统称，仔猪最为多发。主要是由于妊娠母猪饲养不良；饲料中营养物质不足，如蛋白质、维生素和某些矿物质缺乏；或因仔猪的饲养、管理不当，畜体受寒或潮湿，卫生条件差等。

【症状】患畜精神不振，喜躺卧，食饮减退或完全拒乳；腹泻是本病的特点，稀便的色泽和形状则与畜别、日龄、病程等有关；中毒性消化不良，症状加剧，发展迅速，频排水样稀便，粪内含有大量黏液和血液，并呈恶臭或腐臭气味。

【防治】该病防治应采用药物疗法及改善卫生条件等综合措施。

（1）饲养于干燥、温暖、清洁的畜舍内，改善哺乳母猪的饲养环境；保证母猪的充足营养物质；新生仔猪尽早食到初乳。

（2）为缓解胃肠道的刺激作用可禁食8~10小时，可给生理盐水饮用。

（3）促进消化。人工胃液（胃蛋白酶10克、稀盐酸5毫升、水1 000毫升），仔猪10~30毫升，一次灌服。

（4）抗菌消炎。新霉素按0.01克/千克体重，每日3~4次内服。

（5）对仔猪消化不良，可用碘淀粉（5%碘酊5~8毫升，淀粉10克，凉开水200毫升），剂量：2~10日龄，每次2~4毫升；10~30日龄，每次4~6毫升，每日2次灌服或涂于母猪奶头上。

（6）对持续腹泻不止的幼畜，可用明矾、鞣酸蛋白、次硝酸铋进行内服。

第四节　猪的常见外科病

关节炎

【病因】关节炎在哺乳仔猪和架子猪中较常见，多由细菌感染引起，也有外伤继发感染引起的。支原体关节炎在仔猪中比较少见。猪丹毒导致的关节炎在哺乳仔猪当中也不多见，因为新生仔猪会获得母源抗体的保护。不过在 6~10 周龄时，当母源抗体消失后，仔猪也会因患丹毒病，出现关节炎症状。

外伤性关节炎主要因圈舍地面、门栏和饲槽等设施条件不好如铁制设施太尖，划破仔猪腿，而发生感染；注射铁制剂时引起的关节损伤；断尾、断齿、剪脐时没有消毒，发生细菌感染等。

【症状】母猪跛行、步态僵持。仔猪突然死亡、战栗、跛行、疼痛不适、不愿站立、多毛，跗关节和肘关节肿胀、步态僵持。断奶猪与架子猪跛行、关节肿胀、不愿站立。

【诊断】一般可观察到的临床症状就是跛行。如果问题长期存在，有必要通过尸检和实验室细菌学检验来分离确定致病病原。

【防治】

（1）预防。改进饲养设施，减少或避免仔猪的腿脚外伤，从而减少关节炎的发生。剪脐、断尾、断牙时应彻底消毒，避免发生细菌感染。每天用消毒液清洗消毒母猪乳头。

（2）母猪、仔猪治疗。必须在发病早期用药才有疗效，但抗生素进入关节的过程比较缓慢。可选用林可霉素、青链霉素、土霉素、羟氨苄青霉素、氨苄青霉素、磺胺三甲氧苄氨嘧啶、蒽诺沙星等抗生素治疗。每天注射 1 次，连续 5 天；或者也可采用长效剂型，隔天注射 1 次，连续 5 天。

（3）断奶、架子猪治疗。根据具体致病原因制定治疗方案。注射青霉素，对猪丹毒效果很好，24 小时内即可见效，而对支原体感染没有效果。如果是支原体感染导致的关节炎，用红霉素或泰妙菌素，24~48 小时后会有效果。

风湿症

【病因】风湿症是一种发病机理尚未明确的慢性全身性疾病，其主要病变为关节及其周围的肌肉组织发炎、萎缩，诱发本病的主要因素为潮湿、寒冷、运动不足以及饲料的突然改变等因素。一般认为主要与溶血性链球菌的感染有关，一年四季均可发生，尤以气候突变、圈舍阴暗潮湿时多发病，在寒冷地区和冬春季节发病率较高。

【症状】猪的肌肉及关节风湿症，往往是突然发生，一般先从后肢起，逐渐扩大到腰部乃至全身，患部肌肉疼痛，发生跛行或出现弓腰等现象；病猪多喜卧，驱赶时可勉强走动，但跛行可随运动时间延长而逐渐减轻或消失，局部疼痛也逐渐缓解，但易复发。多数肌肉风湿常伴有体温微高（38~39℃），食欲减退，结膜潮红，呼吸脉搏稍有增加；关节风湿常有关节肿胀、增温、疼痛，驻立时患肢常屈曲，运动时呈支跛为主的混合跛行，也常伴有全身症状；转为慢性关节炎的，关节变粗，滑膜及周围组织增生、肥厚。

【诊断】风湿症的特征是突然发病，患部疼痛有转移性，容易再发。急性的突然出现猪后肢和腰部肌肉疼痛，僵直、跛行、弓腰、喜卧，可伴有体温升高等症状。其跛行、疼痛随运动减轻，易复发。触诊患部的肌肉紧张，关节腔有积液，触诊有波动，穿刺液为纤维性絮状混浊液。慢性关节炎的患猪走时有关节炎内摩擦音。

【防治】预防主要是加强饲养管理，保持猪圈清洁干燥，防止受寒和潮湿，清除致病诱因。治疗方法如下。

（1）针灸治疗。先针百会穴，后针归尾穴（百会穴两侧 3.3~5 厘米）。

（2）关节肿痛外治疗法。腓关节、球关节、系部肿痛，多发生于 10~20 千克体重的猪。将白酒加热后，一边给猪涂擦，一边进行按摩，同时灌服消炎痛胶囊，连用 5 天。

（3）用醋炒酒糟至烫手时，装入麻袋内热敷患部，1 日 2 次。

（4）采黄荆（牡荆）根 1.5~2.5 千克，切碎晒干，点火烧旺时，置入空酒坛内，浓烟从坛口喷出时，将猪患肢塞入坛口熏蒸，烟尽时即将患肢取出，用布揩干汗水，再将黄荆叶 150~250 克、韭菜 150~250 克，共捣烂，敷于患部，用纱布包扎，敷 12 小时后撕去，轻症一般 1 次即见效，重者连用 2~4 次可愈，1 天 1 次，体弱者可隔 1 天治 1 次。治疗时需注意以下几点：熏烟时猪不要靠近火，以防被火烫伤；熏烟时须先采集好黄荆、韭菜、备好纱布，以便熏烟后可立即包敷；抓猪时注意不要弄断脚骨；熏烟敷药后 1 天内不让患猪下水；注意栏舍干燥，阳光要充足。

（5）抗风湿药治疗。复方水杨酸钠注射液 10~20 毫升，静脉注射，2 次/天，连用 3~5 天。2.5%醋酸可的松注射液 5~10 毫升，肌内注射。水杨酸钠 5~10 克，加入等量碳酸氢钠，内服 3 次/天，连用 3~5 天。风湿关节炎，可用醋酸氢化可的松注射液 2~4 毫升，做关节腔内注射，轻症者可肌内注射安基比林注射液，也有良好疗效。复方氨基比林注射液、安痛定注射液、安乃近注射液肌内注射，1~2 次/天，连用 3~5 天。地塞米松磷酸钠注射液 1~5 毫升，静脉或肌内注射 1~2 次/天，连用 3~5 天。妊娠猪不要注射。

猪湿疹

【病因】猪湿疹多因来自外部或猪体内部的某些致敏物质等引起的，以患部皮肤出现红斑、疹疱、瘙痒症状为特征。发病后引起食欲不振，常导致生长发育缓慢或停滞形成"僵猪"，从而对养猪生产造成较大危害。以育肥猪、架子猪和断奶猪易发，少见于母猪。肉猪发病率大于母猪发病率，瘦弱猪比健壮猪易发病。主要发生于夏秋 5—8 月之间，6 月是发病的高峰期，以后趋于平静。

在圈舍过于潮湿，卫生条件太差；垫草中含有残留的农药；吃某种腐烂的饲料或有毒的植物；外界昆虫的叮咬；猪群饲养密度过大；以及患慢性消化不良，慢性肾脏病，维生素缺乏及体内寄生虫排泄毒素等，均可引起该病发生。

【症状】多发生于猪的耳根、颈部、下腹、四肢的内侧等部位。患部皮肤红肿，不久便出现米粒或黄豆粒大小的扁平丘疹。有的形成水疱，破后变成脓疱。病猪瘙痒不安，不时到墙壁、圈角、食槽和地板上摩擦搔痒，当脓疱、水泡、疹块磨破后流出血样黏液和脓汁，破溃处形成黄色等痂皮。慢性湿疹猪发病长达 1~2 个月，患部皮肤脱毛粗糙，甚至出现脂肪样苔。

【诊断】猪湿疹要与癣病相区别。两者的症状极为相似，甚至两种病在同一猪体上同时发生。疥癣病传染快，取患部痂在镜下检查时可查出疥癣；湿疹则个别猪患病，查不出寄生虫。

【防治】猪舍经常保持通风干燥，避免阳光直射圈舍地面和猪体上，注意猪皮毛卫生。圈内饲养数量不宜过多，以免发生拥挤。夏秋季节加强灭蚊蝇工作等。治疗方法如下。

（1）荆芥 10 克、防风 12 克、苍术 10 克、苦参 10 克、银花 12 克、地肤子 12 克、甘草 10 克、薄荷 10 克，水煎温服；同时苦参 3 份、地肤子 3 份、桉树叶 4 份，煎水清洗患部，效果显著。

（2）用 0.1%高锰酸钾水溶液擦洗患部，同时用甲酸钠注射液 1~3 毫升，皮下或肌内注射，隔天 1 次，连用 3~4 次。

（3）生黄柏、大黄、苦参各 200 克、氧化锌 100 克、棉籽油适量，将药物研末，与棉籽油拌成药膏备用。先用温水洗去患部污垢再涂擦，每天 1 次，连用 3~5 天。

（4）双花、板蓝根各 200 克，研末喂猪，外取丝瓜叶适量捣汁涂擦患部，每天 2 次。

疝气

【病因】腹腔内的脏器，经腹壁的天然孔或意外产生的孔，全部或部分突出于皮下或邻近的腔道而称为疝。常见的有腹股沟阴囊疝、脐疝和腹疝。这种病多由于先天发育缺陷造成的。该病的遗传力较低，但也有证据证明与特定的公猪有关。

腹股沟阴囊疝以鞘膜内疝气较为常见，多见于小公猪，发生的原因是腹股沟管的腹环宽大，或因去势而造成。脐疝常因脐孔闭锁不全而形成，多发生于仔猪。腹疝多见于小母猪，常因阉割切口太大而造成。环境因素会增加脐疝的发病率。

【症状】脐疝可见脐部或腹部有一隆起部分；腹股沟疝可见睾丸或腹股沟前下方有一隆起部分；隆起部分直径为 30~200 毫米。如果隆起过大，会对皮肤造成损伤，从而导致溃疡，尤其是脐疝。触诊内容物柔软，听诊有肠蠕动音。当疝囊内的肠管阻塞或坏死时，则病猪不安、厌食、呕吐、粪较少，并继发肠臌气，往往很快死亡。

【诊断】通过视诊和触诊即可确诊。

【防治】在一个猪场若脐、肠疝发病率较高时，应多分析发病原因：检查分娩时人工助产时的措施是否得当；是否与更换猪舍有关；是否与猪群密度、天气寒冷猪只扎堆有关；分析发病是否与某头特定公猪有关等。

如果脐疝很大，而且地板是水泥或漏空地板，应将患猪转到铺有软质垫料的栏位。检查仔猪出生时和生后脐部有无异常。避免近亲繁殖，不良的公、母猪应有计划地加以淘汰。小母猪阉割时，避免切口过大。几种治疗方法如下。

（1）腹股沟阴囊疝的手术疗法。将患猪倒提保定，并使其后部较高。对术部剪毛，涂擦5%碘酒2次。在阴囊之前，腹股沟皮下环处的皮肤上，作一与纵轴平行的切口，切口的长度按猪的大小为5~9厘米。暴露鞘膜管后，通过切口分离总鞘膜，将含有内容物的总鞘膜拉到切口外面，用手指将鞘膜腔内的肠管送入腹腔。最后用针结节缝合腹膜及皮肤切口，除涂碘酊外，也可在刀口内撒上一些消炎药后再缝合皮肤。

（2）脐疝的治疗。一是封闭疗法。将肠管压入腹腔，在疝环周围肌层用75%~95%酒精分4~6点注射，每点1毫升。二是手术疗法。术前禁止饮食半天以上。患猪仰卧保定，局部剪毛、消毒，最好用1%普鲁卡因10~15毫升作浸润麻醉。纵形切开皮肤，保存好疝囊腹膜。送疝囊入腹后，用数条缝线穿过疝气环行间断内翻缝合，将缝线完全布置好后再打结。最后撒上消炎药，结节缝合皮肤，外涂碘酊。

（3）腹疝的手术疗法。手术准备工作同前。若肠管与疝囊壁如有粘连，进行钝性分离后送入腹腔。疝气环以钮扣状缝合法闭合，撒上磺胺结晶，缝合皮肤。

外伤

【病因】外伤是指猪皮肤或黏膜完整性遭到破坏的开放性损伤。

【诊断】注意观察，不难发现创伤的部位。

【防治】

（1）及时改进猪舍的铁门、铁栏等设施，减少意外创伤。

（2）对新鲜污染创。大出血的及时止血，有脏物的用生理盐水、0.1%呋喃西林、0.1%高锰酸钾液尽早清洗，创口缝合、包扎或引流。对刺创可向创道内灌注5%碘酊，不便缝合的创伤，可撒青霉素粉防止感染。

（3）对感染化脓创。清洁创腔外，选用10%食盐液、10%硫酸镁液等药物灌注、湿敷或引流。另外，据病情全身应用抗生素、对症疗法。

冻伤

【病因】冻伤是低温对皮肤和体表组织造成的伤害。耳、尾、蹄等部位是容易发生冻伤的部位。户外饲养猪冻伤比较常见。

【症状】皮肤先是苍白，后变红，肿胀，疼痛。如果持续暴露在低温环境中，冻伤部位组织会发生坏死，从而与健康部位之间形成明显的分界线。也会发生继发感染。

【诊断】根据皮肤损伤以及在低温环境中暴露的情况诊断。注意本病与急性丹毒感染初期、沙门氏菌病、巴氏杆菌病和中毒的区别。

【防治】在患处涂抹消毒药膏和抗生素药膏以控制感染。将患猪转入圈舍室内饲养。

第五节　猪的常见产科病

流产

母猪流产即怀孕中断，是指未到预产期而产出死亡或无生存能力的胎儿。猪是多胎动物，怀孕中断可能发生完全流产，也可能发生部分胎儿的不完全流产。流产可发生在母猪妊娠的各个阶段，但以怀孕早期较为多见。

【病因】母猪流产的病因较多且复杂，最多见的是传染性疾病

（细小病毒、伪狂犬病、繁殖与呼吸综合征、猪瘟等）引起的群发性流产，其次是寄生虫病（弓形虫病等）、霉菌毒素、营养性、中毒性、有害环境、各种机械性的外力作用，以及母猪生殖器官畸形、胎膜、胎盘异常，胚胎过多等均可引起流产。母猪生殖器官疾病（如慢性子宫内膜炎、阴道炎及阴道脱出等）也能引起流产。此外，全身麻醉，大量放血，服入大量泻剂和利尿剂，注射促进子宫收缩药品（如氨甲酰胆碱、毛果芸香碱、槟榔碱等），也能引起流产。

【症状】有的母猪缺乏明显症状而突然流产，而大部分在流产前，食欲减退，行动异常，体温略升高，乳房肿胀，阴门红肿，阴道流出污红色分泌物；母猪有腹痛表现，时有努责，然后可能排出各种不同月龄的活胎或死胎、或干尸化胎，或发生早产和产出弱仔；少数滞留子宫的死胎发生浸溶或腐败分解，软组织分解后形成的恶臭液体或浓液、杂有散落的骨片，不时从阴门排出。

【防治】对怀孕母猪应合理饲养，加强饲养管理，合理搭配饲料，避免发生导致流产的各种因素。如有流产发生，应仔细检查，分析流产发生的原因，根据具体原因提出预防方法，如果是饲料的问题，应更换饲料；如怀疑为传染病时，应取羊水、胎膜及流产胎儿的胃内容物进行检验，并将流产物深埋，消毒污染场所。

流产治疗首先应确定属于何种流产以及怀孕能否继续进行，在此基础上再确定治疗原则。流产的主要治疗原则是，在可能的情况下制止流产的发生，当不能制止时，应尽快促使死胎排出，以保证母猪及其生殖道的健康不受损害。

若有流产先兆，临床上出现母猪腹痛，起卧不安，呼吸脉搏加快等现象，此时可使用抑制子宫收缩药安胎，及时肌内注射黄体酮 15～25 毫升，每天 1 次，连用 3～5 天。经上述处理后，病情仍未稳定，阴道排出物增多，检查阴道发现子宫颈口已开放，胎囊已进入阴道，流产在所难免，则应尽快使子宫内容物排出。如胎儿已死亡，但子宫颈口未开张，可用己烯雌酚注射液 3～10 毫升，肌内注射。如果胎儿发生浸溶或腐败时，可用 0.02%新洁尔灭溶液或 1%盐水冲洗子宫；

若已发生腐败型子宫内膜炎时，应禁止冲洗子宫，而用金霉素或土霉素 200 万~300 万单位放入子宫内。母猪流产后，为驱除污血，促进子宫复归，可用垂体后叶素（或催产素）25～40 单位，一次肌内注射。

难产

难产是指母猪在分娩过程中，胎儿不能顺利地分娩出。如不及时进行人工助产，则母猪难于或不能排出胎儿。母猪难产的发病率约为 1%~2%，如果母猪怀胎儿数太少，则会造成胎儿过大，难产的发病率升高。

【病因】分为普通病因和直接病因两大因素。

普通病因：猪的难产常由于饲养管理不善，如饲料搭配不当、品质不良，使母猪过肥或瘦弱，母猪运动不足，分娩力不强；母猪过早配种。

直接病因：可分为母体性和胎儿性两个方面。

① 母体性难产主要是子宫肌和腹肌收缩异常，产道或阴门发育不全，骨盆内血肿，阴道或阴门狭窄，子宫颈畸形或狭窄。相对而言，母猪母体性难产的发病率约为胎儿性难产的 2 倍，其中子宫弛缓引起的难产约占 40%，其次为产道狭窄等引起的难产。

② 胎儿性难产主要是由于胎向、胎位及胎势异常，胎儿过大，胎儿畸形等引起。胎儿性难产中坐生、双胎同时进入骨盆腔及胎儿过大引起的难产最为常见。

【症状】母猪难产一般表现为时有阵缩，羊水排出等产前症候，但不能顺利产出胎猪，母猪急噪不安，时起时卧，痛苦呻吟。母猪分娩力弱，表现为努责次数少，力量弱，分娩开始已久，但是迟迟不见胎猪排出。产道狭窄，表现为阴门松弛，开张不够，仅流出一些胎水，而不见胎猪产出。由于胎儿异常引起的难产，产道开张情况和分娩力都正常，就是不见胎儿产出。有些母猪只能顺利产出 1~2 头胎儿，后由于阵缩及努责减弱而不能持续产出胎儿。若分娩时间过久，导致母猪衰竭，甚至死亡。

【防治】难产虽然不是十分严重的疾病，可一旦发生，极易引起胎儿死亡，也常危及母猪的生命，或因为助产不当，使子宫及软产道受到损伤及感染，影响母猪的健康和受孕，因此必须重视难产的防治。

预防难产要在临产前进行产道检查，对分娩正常与否做出早期诊断，以便及早对各种异常引起的难产进行救治。在饲养管理上，也要注意选种选配，避免近亲交配和过早配种；让怀孕母猪适当运动和喂给青饲料，产仔时要有专人守护，便于难产时能及早发现、及早救治。

母猪发生难产时，必须通过产道检查尽快弄清楚是何种病因，及时施行助产。产道检查是诊断难产的主要方法，具体操作是将母猪侧卧保定，后躯彻底消毒，检查者剪去指甲，手臂消毒，涂上灭菌的液体石蜡，五指并拢慢慢伸入产道，感觉伸入是否困难，触摸子宫颈是否松软开张，骨盆腔是否狭窄，有否骨折、骨瘤，胎儿能否通过，接着手伸入子宫触摸胎儿的大小、姿势是否正常，是否两胎儿同时楔入产道等，在此基础上决定治疗方法。

（1）子宫颈未完全开张，而且胎膜未破时，应隔着腹壁按摩子宫，以促使子宫肌的收缩，有利于胎儿产出。

（2）产道开张较好，胎儿姿势正常，只是单纯的分娩力弱，可皮下或肌内注射催产素或垂体后叶素 10~20 单位，每小时注射 1 次，一般 1~3 次即可。

（3）子宫颈开张，但胎儿过大，或两胎儿同时楔入产道，分娩力弱，可实施徒手牵引。向产道灌注温肥皂水或油类润滑剂，用 0.1%新洁尔灭清洗消毒手臂及母猪后躯，用绳子或产科钳协助手通过产道取出胎儿，接出 2~3 个胎儿后，如果手触摸不到其余胎儿时，可等待 20 分钟左右，待胎儿移至子宫后部再拉出。

（4）子宫颈开张不全，骨盆狭窄，或胎儿过大，上述方法均不能使胎儿产出，为确保母猪和胎猪的平安，可考虑剖腹取胎。手术方法和步骤如下。

将母猪左侧卧保定，手术部位选在髋关节前 10 厘米处。术部清洗、剃毛、消毒，局部用 0.2% ~ 0.25% 盐酸普鲁卡因沿切口作浸润麻醉，向前下方切开皮肤 15~20 厘米，钝性分离脂肪、肌肉及腹膜，剪开腹膜，手伸入腹腔，取出子宫孕角，放在消毒创布上，沿子宫角大弯尽量靠近子宫体附近作 10 厘米长的纵形切口。先取出靠近切口的胎儿，其余胎儿依次用手挤压移至切口处取出。胎儿取完后，按外科常规手术要求消毒缝合，术后根据病猪的具体情况，适当补液，注射抗生素。

胎衣不下

母猪娩出胎儿后，胎衣在正常的生理时限内未能排出，称胎衣不下。母猪产后排出胎衣的正常时间为 1 小时。如果产后 2~3 小时胎衣仍然没有全部排出，就会引起疾病。猪的胎衣不下比较少见，其发病率一般为 5% ~ 8%。

【病因】胎衣不下多因子宫收缩无力引起。在母猪妊娠期间饲料单一，蛋白质、维生素和矿物质不足，以及营养过剩，运动不足，母猪过肥或过瘦，而使子宫发生弛缓；胎儿过大、过多，胎水过多；难产、流产也可继发产后阵缩微弱而引起胎衣不下；母猪患有布氏杆菌病、慢性子宫炎等都能引起胎衣不下。

【症状】分娩后，胎衣部分或全部留在子宫里，也有部分脱出阴门外的。初期一般症状不明显，当胎衣发生腐败分解时，母猪表现不安，不断努责，食欲减少或废绝，但喜欢喝水，体温升高，泌乳减少，哺乳时常突然起立跑开，这可能与乳汁少，仔猪吮乳引起疼痛有关；渐渐地从阴门流出红褐色带恶臭的液体。如不及时治疗，导致病原菌感染而伴发化脓性子宫内膜炎，甚至引起败血病而死亡。

【诊断】诊断母猪胎衣是否完全排出，可检查排出的胎衣上脐带断端的数目是否与胎儿数目相符。

【防治】加强怀孕母猪的饲养管理，要给予足量的全价饲料，并促使母猪适当运动，防止母猪过肥或过瘦，可减少本病的发生。治疗胎衣不下的方法很多，概括为药物治疗和手术治疗两大类。

（1）药物治疗。

① 注射子宫收缩药，母猪产后 4～5 小时如胎衣不下，可肌内或皮下注射脑垂体后叶激素注射液 10～20 单位，2 小时后重复注射 1 次；催产素注射液 10～50 单位，1 次皮下注射；10%氯化钙或氯化钠 50～100 毫升，1 次静脉注射；10%安钠咖 5～10 毫升，肌内注射，可助其排出胎衣。

② 预防子宫炎及防止胎衣腐败的药物：土霉素 1 克，装入胶囊，送入母猪子宫；或链霉素 100 万单位，加蒸馏水 50 毫升，注入子宫内。

③ 中药治疗：当归 15 克、红花 6 克、川芎 10 克、桃仁 6 克、香附 13 克、灵脂 10 克、甘草 6 克、水煎 1 次内服，或研成细末，分 2 次喂服；红花 10 克、木通 10 克、黄芪 15 克，研为末，水煎服。

（2）手术治疗。即剥离胎衣。剥离较困难，体型较大的母猪，可采用本法。术者手臂消毒后，涂上灭菌的液体石蜡，顺阴道摸入子宫，轻轻剥离胎衣，取出胎衣，然后用 0.1%高锰酸钾溶液 500～1 000 毫升冲洗子宫，再送入金霉素或土霉素胶囊。当胎衣已腐败时，应用消毒液冲洗子宫。

生产瘫痪

生产瘫痪亦称乳热症，是母猪分娩前后突然发生的一种严重的代谢疾病，分为产前瘫痪和产后瘫痪。本病的特征是低血钙，全身肌肉无力，知觉丧失及四肢瘫痪。

【病因】生产瘫痪的发病机理尚不完全清楚。但大多数人认为分娩前后血钙浓度降低，母猪缺乏钙磷，或钙磷比例失调，是本病发生的主要原因；也有人认为本病是由于产后血压降低等原因，使大脑皮质缺氧所致。

【症状】产前瘫痪多在分娩前数天或几周突然发生，初期肌肉颤抖，站立、行走困难，前肢爬行，后肢摇摆，驱赶时，母猪尖叫，渐渐地卧地不起；对威吓、打击的反应减弱或完全失去反应。病程拖长则患猪瘦弱，肌肉发生萎缩，如卧地时间过久，则易发生褥疮，并发败血症甚至死亡。

母猪产后瘫痪见于产后 2~5 天，患猪食欲减退或废绝，有异食癖，病初粪便干硬且少，以后则停止排粪、排尿，体温正常；站立困难，后躯摇摆，肌肉有疼痛敏感反应，仔猪吃奶时乳汁很少或无乳；后期有知觉迟钝或消失，四肢瘫痪，精神萎靡，呈昏睡状态等神经症状。

【诊断】此病应与酮病相鉴别，后者特征是病初有兴奋表现，乳、尿及呼出的气体均有水果香味，且对乳房送风无反应。

【防治】母猪产后瘫痪，应加强护理，保暖防寒，喂给易消化的营养精料。多垫草，多喂青饲料、优质干草粉和甘薯蔓粉，每天可补 10~20 克骨粉、石灰石粉或蛋壳粉等钙质饲料。冬季要让猪多晒太阳，每天用刷子刷拭皮肤，促进猪体血液循环；猪舍要干燥，保温，对躺卧不能翻身的猪，要人工帮助病猪翻身，防止发生褥疮，有褥疮的病猪应涂上碘酊或紫药水。治疗方法如下。

(1) 补充钙制剂。

① 正常采食的母猪，在饲料中补充骨粉 20~40 克，或乳酸钙 5 克或磷酸氢钙 30~40 克，同时分两次喂鱼肝油 20 毫升，连服 10 天为 1 个疗程。

② 用硫酸钠或硫酸镁缓泻剂或温肥皂水灌肠，清除直肠内蓄粪；同时静脉注射 10% 葡萄糖酸钙 50~150 毫升，并配合给以葡萄糖溶液或生理盐水，另可用板刷沾烧酒擦患猪全身。

③ 维丁胶性钙 10 毫升，一次肌内注射，每日 1 次，连用 3~4 天。

④ 将骨头烤干，研成面，每顿 15 克，拌食喂猪。

⑤ 出现后肢不能站立的母猪，可静脉注射 10%~20% 葡萄糖钙 100~150 毫升，或静脉注射 5%~10% 氯化钙 40~80 毫升，每天 1~2 次，连注 3 天。

(2) 中药治疗。荆芥、防风、红花、麻黄、艾叶、党参、黄花、甘草各 15 克，加黄酒 125 毫升，水煎服。

母猪不孕症

母猪不孕症，即成年母猪长期不发情，或虽有发情表现，但屡配不孕。

【病因】造成母猪不孕的原因很多，主要是生殖器官疾病，生殖器官发育异常，内分泌机能紊乱；饲养管理不当，维生素和矿物质的缺乏，营养不良，过度消瘦或过肥等原因，都是造成母猪不孕的因素。

（1）生殖器官疾病。母猪患有慢性子宫炎、子宫颈炎、卵巢囊肿、阴道炎等均可使生殖机能受到破坏，造成不孕。

（2）生殖器发育异常。半雌雄，先天性子宫异常等，但很少见。

（3）饲养管理不当。

① 母猪过肥过瘦都能引起不孕，饲料的数量不足，品种单调和营养不良，使猪体消瘦，发情失常；精料过多，同时缺乏运动，使母猪生长过肥，引起母猪不发情或发情表现不明显。

② 近亲繁殖不孕。

③ 配种失时，过早或过晚配种。

④ 公猪配种过度，精液质量下降，或人工授精技术不过关等。

⑤ 日粮中长期缺乏维生素 A、E 或矿物质（Ca、P、K、Na）。

⑥ 老龄不孕，母猪利用 6~7 年以后失去繁殖能力。

此外，一些传染病也能导致母猪不孕，如布氏杆菌病、子宫炎-乳房炎-无乳综合征、猪繁殖与呼吸障碍综合征等。

【症状】母猪性欲显著减退，很长时间不发情，发情症状不明显或完全不显，屡配不孕。此外，若母猪因患某种疾病导致不孕，应有相应的症状。

【防治】预防该病应加强饲养管理，喂给多样化饲料，多喂营养丰富的苜蓿、大麦芽、胡萝卜等青绿饲料，母猪过瘦，要加强营养，母猪过肥，要减少精料。作好选种选配，发情鉴定，适时配种，同时加强公猪饲养管理，保证精液品质。

治疗不孕症，首先要根据母猪不孕的原因和性质进行分析。对患有生殖器官疾病引起不孕的，应进行治疗；对生殖器官发育不良，失去繁殖能力的老龄母猪，可予以淘汰。

（1）对不发情的母猪，可用刺激发情方法如下。

① 对无卵泡发育，卵泡发育停滞，卵泡萎缩，可注射促卵泡素，肌内注射 50 万~100 万单位，每日或隔日 1 次，连用 2~3 次。

② 母猪卵巢囊肿的，可肌内注射黄体酮 15~25 毫克，每日或隔日注射 1 次，连用 3~7 次，或用绒毛膜促性腺激素 500~1 000 单位，一次肌内注射，或注射促黄体激素 50~100 单位；若是持久黄体引起的，可肌内注射前列腺素（PGF_{12} 甲酯）3~4 毫克，一般注射后 1~3 天内可出现发情。

③ 对久不发情的母猪，用苯甲酸求偶二醇 2 毫升，1 次肌内注射。这种药能促进发情，但不排卵，故在母猪注射后第一次发情时不要配种，而应在下一次发情时配种。

④ 中药催情：当归、肉苁蓉、淫羊藿、阳起石、白芍、益母草各 15 克，水煎拌料饲喂；当归 40 克、云参 25 克、阳起石 40 克、杜仲 25 克、茴香 25 克、川芎 20 克、熟地 25 克，研成细末，热水冲，放入饲料，连服两剂即可发情。

（2）患有阴道炎、慢性宫颈炎的母猪，用抗菌药物消炎，患有其他传染病的母猪，参考相应传染病的治疗方法进行处理。

（3）可用公猪与不孕母猪经常接触，每天 2~3 小时，连续 2~3 天；每天早晨按摩母猪乳房表层皮肤或组织 10 分钟，连续 10 天，可作为辅助治疗。

母猪乳房炎

母猪乳房炎又称"奶痈""乳痈"，是哺乳母猪较为常见的疾病。

【病因】本病主要是由于母猪乳头、乳房不洁，或因摩擦、挤压、划破及仔猪咬伤等原因为多种微生物的侵入创造了条件，常见的细菌有链球菌、葡萄球菌、大肠杆菌或绿脓杆菌等。母猪产前或产后无仔猪吮乳或仔猪断乳后数日内，乳房内乳汁积滞，也常能引起乳房发炎。其他疾病如子宫内膜炎、布氏杆菌病、口蹄疫等均可并发乳房炎。

【症状】病猪的乳头或乳房发炎。本病初期先由一个乳房发病，而后侵害其他乳房，多为急性经过。初期常可见母猪在哺乳时，母猪由于疼痛急速站立，不让仔猪吮乳，继而出现乳房潮红、肿胀、发热、发硬，有疼感，后蔓延扩大到全部乳房。病情严重时，母猪体温升高，精神沉郁，常横卧，不愿起立。检查乳汁时，在发病初期，可见乳汁稀薄，内混有絮状小块，后乳汁多而浓，混有白色絮状物，有时带血丝，乳汁呈棕色或黄褐色。如患脓性乳房炎，则乳汁变为黏液状，乳腺逐渐变软，形成脓包，最后脓肿破溃，排出脓液；如患坏疽性乳房炎，乳腺肿大，皮肤充血呈紫红色，乳汁呈灰红色，内含絮片状物，还有腥臭的气味。

【防治】母猪在分娩前与断奶前 3~5 天，应减少精料及多汁饲料，以减少乳腺的分泌作用，同时应防止给予大量发酵饲料；仔猪离奶前，逐渐减少吮乳次数；猪舍要清洁干燥，冬季产仔时应多垫清洁、柔软的垫草；要防止仔猪咬伤母猪乳头，发现外伤，及时治疗，以防感染。如猪群多发乳房炎，这意味着环境可能严重受到细菌的污染，应查明病因后防治。

母猪一旦发生乳房炎，应及时进行局部或全身处理，以免蔓延至乳腺深层组织，发生脓血症。治疗方法如下。

（1）隔离仔猪，用手挤出患病乳房内的乳汁，再用青霉素 80 万单位，链霉素 50 万~100 万单位，一起溶于生理盐水或蒸馏水 30~50 毫升，用乳导管注入乳汁腔内，每日 2~3 次。有硬结时进行按摩、温敷，涂以 10%鱼石脂、樟脑油等。

（2）应用 0.25%~0.50%盐酸普鲁卡因溶液 50~100 毫升，加入青霉素 80 万~160 万单位，在患部乳房周围封闭，每天 1 次。

（3）全身治疗，可用青霉素每次每千克体重 4 000 单位，每天肌内注射 4 次；也可内服磺胺嘧啶或磺胺噻唑，初次剂量每千克体重 200 毫克，维持剂量按每千克体重 100 毫克，间隔 12 小时 1 次。

（4）有脓肿时应尽早切开，由上向下进行纵切，排出脓汁后，向脓腔内注入3%过氧化氢溶液、0.1%高锰酸钾溶液。然后覆以纱布保护伤口。脓肿较深时，可用注射器先抽出其内容物，再向腔内注入青霉素20万~30万单位。当乳腺发生坏疽时，应进行乳腺切除术，以免引起脓毒血症。

（5）中药治疗。银花、连翘、蒲公英、地丁各15克，知母、黄柏、木通、大黄、甘草各10克，研末拌食，每天1剂，连用5~7天；王不留行10克，乳香、没药各6克，穿山甲10克，皂刺6克，研末拌食；蒲公英100克，香附50克，水煎，灌服或混于饲料内，每天1剂，连用5~7天。

产后无乳、缺乳

产后无乳、缺乳是指母猪产仔后乳量明显不足，或完全无乳的一种病态，易发生于初产母猪。产后缺乳的仔猪吃奶次数增加但吃不饱，因饥饿嘶叫，有的下痢或死亡。

【原因】与本病有关的因素很多。除猪品种和营养不良，过肥或过瘦外，一般可能因乳房炎、子宫炎所致。患乳房炎时呼吸急促、发热，乳房肿、硬，挤不出乳汁，因疼而拒绝仔猪哺乳；子宫炎阴道恶露不止或流脓。因乙脑、细小病毒等繁殖障碍病、死胎、木乃伊胎、早产、延产所致。此外，母猪患有严重的全身性疾病、热性传染病，如猪瘟、流感等；内分泌失调；过早配种、乳腺发育不全、乳腺管闭塞不通等都可能导致产后无乳或、缺乳。

【症状】乳房无乳汁或乳量很少。仔猪经常吃奶但吃不饱，经常追赶母猪吮乳，母猪不愿哺乳，仔猪由于吃不到奶而饥饿嘶叫，并且很快消瘦。触摸乳房，如乳房充盈，则为排乳困难；若乳房不充盈，小而松软，乳头瘪，则为少乳。

【防治】科学合理地饲养管理好妊娠母猪，防止过瘦或过肥。

（1）产前1个月和产后当日，给母猪各肌内注射1次亚硒酸钠维生素E注射液（每毫升含亚硒酸钠1毫克，维生素E 50单位）10毫升。

（2）产后当天喂服催乳灵 10 片，连用 3~5 天，或肌内注射催产素 20~30 单位，1~2 次。

（3）肌内注射垂体后叶素 10~30 单位，用药后 15 分钟时，再把隔离的乳猪放回来，让乳猪吃奶。此药可每小时注射 1 次，一般 3~5 次即可见效。

（4）搞好分娩接产消毒工作，环境要安静，产后注射一针青霉素、链霉素。母猪产后 1~3 天内，肌内注射氧氟沙星或环丙沙星或蒽诺沙星（5%~10%注射液，0.5~1 毫升/10 千克体重，1 日 1 次），或拌料给药，可防治子宫炎、乳房炎及少乳症。

（5）偏方：将胎衣、死产仔洗净，加水，盐适量煮熟，分数次拌料内服；蚯引、河虾、小鱼（特别是鲫鱼）都有催乳作用，可煮服；中药方：当归、王不留行、漏芦、通草各 30 克，水煮，拌麸皮喂服，每日 1 次，连用 3 天。

死胎

母猪有时会生下死胎仔猪，胎死腹中。早期胚胎死亡在流产中占有相当大的比例，是隐性流产的主要原因，发病率可达 30%左右。胚胎早期死亡的后果是屡配不孕或发情推迟以及妊娠率降低，产仔数目少。围产期胎儿死亡，不仅使产仔数少，有时往往侵害母猪的健康，造成更大的损失。

【病因】造成死胎的原因很多，主要有以下几方面。

（1）饲养管理不当，猪体过肥，又缺乏运动，或过瘦，营养不良，矿物质特别是缺乏铁；猪吃了冰冻、腐败或霉烂变质的饲料；母猪怀孕 102~110 天，外界温度如高达 30℃以上，死产率增加。

（2）母体激素和胎儿激素分泌异常，使胚胎与母体之间的信号传递受阻。

（3）母猪感染钩端螺旋体、乙型脑炎等传染病，病原体随血液循环而到母猪全身，致使胎儿死亡。

（4）母猪未充分发育，过早配种，妊娠期母体不能使胎儿获得足够养分，导致死胎。

（5）母猪相互挤撞和受到打击，使胎儿受压、受伤而致死。

（6）公猪精子品质直接影响胎儿的存活力，品质差的导致受精失败和胚胎死亡。

【症状】早期胚胎死亡属于隐性流产，临床上难以看到母猪的症状，此时胚胎尚未形成胎儿，死后组织液化，被母体吸收，或在母猪再发情时随尿排出。

胎儿形成后发生死胎，其症状类似流产。妊娠母猪病初少食，精神沉郁，继而起卧不安，弓背努责，流出污浊液体。在妊娠后期，用手触诊母猪腹部检查没有胎动，呈腹痛状，继而发生阵缩，开始分娩，但所产仔猪部分死亡，甚至全窝死亡。若病程延长，病猪拒食，如死胎腐败，常有体温升高，呼吸急促，心跳加快等全身症状，若死胎不能及时排出，则母猪病势恶化。若在羊水中和呼吸道内能发现胎粪，则表明胎儿是在出生过程中由于缺氧窒息而死亡。

【防治】

（1）预防本病主要是从饲养着手，尽可能满足母猪对微量元素和维生素的需要，增强母猪抵抗力，使母猪和胎儿能够得到充足的营养。防止过于拥挤和直接撞击母猪腹部等事故的发生。

（2）对多次配种不孕或子宫有疾患的母猪清宫处理有助于提高胚胎的存活率。

（3）由于疾病引起的胎儿死亡，须根据所患疫病对母猪进行治疗。

（4）如果死胎不能排出，可先用大量43℃温水注入子宫内，使子宫颈充分开放后，再注入黏滑剂，使死胎流出。如果死胎已腐败，先消毒阴道，再将大量的黏滑剂注入子宫，使死胎排出。

（5）已超过妊娠期的死胎，如还不能排出，应施手术取出死胎，以保母猪安全。

（6）死胎产出或取出后，应加强对母猪护理，保持猪舍干燥，窝内要经常换铺清洁干草，并经常观察母猪有无异常表现。为防止感染，需及时注射抗生素：用青霉素每次40万~80万单位，链霉素

100 万单位，连用 3~5 天。如用金霉素或土霉素，按母猪每千克体重 40 毫克，每日肌内注射 2 次。用磺胺嘧啶钠，按每千克体重 0.05 ~ 0.1 克，每日肌内或静脉注射 2 次。

第六节　猪的常见营养代谢病

维生素缺乏症

猪在生长发育期间，需要较多的维生素 A、B 族维生素、维生素 D、维生素 E 等，如果饲料单一或配合不当，会造成某种维生素缺乏症。

（一）猪维生素 A 缺乏症

【病因】因日粮中青饲料、粗饲料贮存不当，饲料的维生素 A 原（胡萝卜素）遭破坏；或因患有某些疾病，如慢性肠道疾病和肝脏疾病等，均可引起维生素 A 缺乏症。

【症状】维生素 A 缺乏症主要影响视色素的正常代谢、骨的生长和上皮的维持。严重缺乏的母猪，还可影响胎儿的正常发育。猪患维生素 A 缺乏症，病程缓慢，需要经过 1~3 个月才出现明显症状。骨骼和牙齿生长受抑制，皮肤干燥，毛囊角化，脱毛，上皮组织抵抗力会降低，易感染疾病，并出现颤抖，弓腰，运动失调，头常偏向一侧，步行不稳，后躯无力软瘫，出现干眼症，角膜易发炎，严重时会出现夜盲，所产仔猪会瞎眼、畸形甚至死胎，公猪性功能衰退，精子活力差，死精，配不上胎或少生仔猪。

【防治】各种动物每天正常需要维生素 A 的最低量是每千克体重 30 国际单位，要使体内有所贮存，则摄入量就要达到 60 国际单位。由于高剂量的维生素 A 能干扰维生素 D 的作用，故应用时要注意。治疗时不能口服而要注射，每头猪每次肌内注射维生素 AD 注射液 1~4 毫升，每日 1 次；每头猪每日喂浓鱼肝油滴剂 0.2~3 毫升，1 日 2 次，连喂 5~10 天为 1 疗程。增喂青绿多汁饲料或胡萝卜。

（二）维生素 B₂ 缺乏症

【病因】维生素 B₂（核黄素）的来源很广，并且它还能通过猪消化道中微生物来合成，所以在自然条件下一般不会缺乏。当日粮中维生素 B₂ 的含量少，或由于饲料长久暴晒使维生素 B₂ 遭到破坏时，则可导致该病的发生。

【症状】当维生素 B₂ 缺乏时，会影响机体的氧化过程，进而造成物质代谢障碍。猪主要表现为口角发炎和口舌溃疡，口角、结膜发炎。严重的病猪，脚趾弯曲强直，皮肤粗糙肥厚。有的发生皮疹、鳞屑和溃疡，脱毛，生长迟缓，发生消化障碍和呕吐。

【防治】猪每千克体重每天需要 6~8 毫克的维生素 B₂，每吨饲料中需补充 2~3 克。猪维生素 B₂ 缺乏时，可肌内注射维生素 B₂ 注射液 1~4 毫升，或复合维生素注射液 2~8 毫升，每天 1 次，连续注射 3~5 天；也可口服核黄素片 1~8 片（仔猪 1 片），1 天两次，连喂 3~5 次。

（三）猪维生素 E 缺乏症

【病因】维生素 E 不稳定，若饲料含有较为丰富的矿物质和脂肪酸时，它会被破坏。经常用上述饲料或缺乏维生素 E 的饲料如块根作物喂猪，就会引发猪维生素 E 缺乏症。

【症状】猪缺乏维生素 E，能引起形式多样的营养性疾病，多发于 2 月龄仔猪和 4~5 月龄的育成猪。急性发作多见在无先兆症状的突然死亡。亚急性病初精神不振，食欲减退，全身皮下水肿，心跳加快，少数病猪出现磨牙，排出淡红或棕红色尿液，病程一般为 3~5 天。慢性的一般病程可拖延 15 天以上，病猪被毛粗乱，食欲不振，腹泻。站立时，两后腿频频交替负重，肌肉颤抖，喜卧倒在地，也有的前腿跪地，或呈犬坐势，呼吸粗促。

母猪缺乏维生素 E 时，则会影响胚胎的正常发育，引起流产、早产或死胎。公猪缺乏维生素 E 时，精子活力不强，死精或无精。

【防治】饲料中增加一定量的豆饼、菜籽饼，有条件的加喂青绿蔬菜。肌内注射射维生素 E 100~300 毫升，1 天 1 次，连注 7 天为 1

个疗程。

（四）猪维生素 C 缺乏症

【病因】实践中，猪自然发生维生素 C 缺乏症的情况很少见。成年猪继发某些热性传染病时，可能由于大量消耗了维生素 C，以致引起维生素 C 的缺乏。

【症状】猪缺乏维生素 C 时表现为口腔黏膜出血和溃疡，牙齿松动易脱落，贫血，毛色无光泽和抗病力弱等。

【防治】饲料中加喂维生素 C，每日 500 毫克，病情严重者每天注射维生素 C 针剂 300~400 毫克，直到病愈。也可采用长绿针叶树的松针叶压制浸出液进行口服治疗，可在短期内取得显著的效果。

猪佝偻病

佝偻病是生长快的仔猪维生素 D 缺乏及钙、磷代谢障碍所致的骨营养不良。

【病因】仔猪由于磷过多而维生素 D 和钙缺乏，或饲料中的钙、磷比例不平衡，比例高于或低于 (1~2)：1；当仔猪伴有消化紊乱时，影响了机体对维生素 D 的吸收作用。

【症状】病程一般缓慢，早期表现食欲减退，消化不良，精神不振，出现异食癖，喜卧。站立时，肢体交叉或向外叉开。常可见仔猪嗜睡，步态不稳，有时以腕关节爬行，突然卧地和短时的痉挛等神经症状。骨骼变形，关节肿胀，牙齿排列不整、松动，容易磨损，严重时影响呼吸和采食。

【防治】猪骨骼正常发育、生长所需的钙、磷比例一般是 1：1 或 2：1。在早期断乳的小猪日粮中钙的含量不宜超过 0.9%，不然就会影响其生长，并干扰对锌的吸收。要从改善饲养管理入手，应避免长期喂单一饲料，注意合理配搭适量骨粉，以保证钙、磷的正常需要量，尤其对妊娠母猪应注意补充矿物质和维生素；对仔猪可把红壤土（其中含铁质）或泥炭土放到圈内，让仔猪自由舔食，并让猪适当运动和日光照射，对患有软骨病猪，应多垫干草，防止发生褥疮，同时用以下方法治疗。

（1）早期不用药，将动物骨头放在火中煅烧后，研成细末，喂食。每天服用 25 克左右，连服 7~8 天。也可在饲料中添加适量鱼粉和杂骨汤。

（2）用维丁胶性钙注射液 4~6 毫升，肌内注射，每日 2 次，连续注射 5~7 天。

（3）对严重病例用 3% 次磷酸钙溶液 100 毫升，静脉注射，每日 1 次，连续注射 3~5 天；也可用 10% 葡萄糖酸钙溶液 50~100 毫升，或 10% 氯化钙溶液 20~50 毫升作静脉注射。

（4）小麦的麸皮是高磷低钙饲料，其含磷量为钙量的 3.5 倍以上，所以在治疗期间，应停喂麸皮。

猪异食癖

异食癖是由于代谢机能紊乱，味觉异常的一种非常复杂的多种疾病的综合征。

【病因】本病发生的原因多种多样，有的还未完全弄清楚。一般认为饲料中缺乏某些矿物质如盐类、钙、磷、铁元素；缺乏某些维生素，特别是 B 族维生素；缺乏某些蛋白质和氨基酸等因素。

【症状】一般多以消化不良开始，接着出现味觉异常和异食症状。病猪皮毛粗乱，因常啃食异物，正常喂食时则食欲不振，采食量减少，消化紊乱，有时呕吐和磨牙，身体消瘦，贫血，生长发育迟缓或停止。性情恶劣，舔食尿液，啃食泥土，特别喜欢舔食墙上的碱霜及烂草木、砂石、金属等异物，有时可出现小猪互相啃咬，不但严重影响猪的生长发育，而且毁坏栏舍。母猪出现吞食胎衣、乳猪等恶习，还容易导致母猪流产，甚至衰竭死亡。

【防治】

（1）对喜欢舔咬墙上的碱霜和灰浆的猪，在饲料中添加适量的骨粉和蛋壳、贝壳粉、碳酸钙等含钙物质。

（2）对喜欢拱地、食泥的猪，在饲料中可适当补喂铜、铁、钴、锌与锰等盐类物质。

（3）对喜欢喝尿、啃粪和啃破布等杂物的猪，可在饲料中补充适量盐和小苏打。

（4）小猪互相咬耳朵或尾巴者，可在饲料中补充豆类精料和动物性饲料，如鱼粉、煮熟的血块等。被咬的猪要及时处理：用0.1%高锰酸钾冲洗消毒，并在咬伤处涂上碘酒或氯亚铁，防止化脓，对咬伤严重的猪群可用抗生素进行治疗。

（5）补脾、健胃消食和清热的中药方。用党参、白术、白芍、苍术各250克，陈皮、炒曲、麦芽、厚朴各200克，牡蛎500克，混合加工为末，每次每头猪用50克，拌入饲料中喂食，每日早晚各1次。

（6）对患寄生虫病的猪，应定期驱除猪体内外的寄生虫。

缺硒症

猪硒缺乏症，又叫猪白肌病，是由于微量元素硒的缺乏或不足而引起器官或组织变性、坏死的一类疾病。硒缺乏能引起机体发生一系列的病理变化，严重时可导致死亡。实际上，单纯的硒缺乏并不多见。在临床中较为多发的是由硒和维生素E共同缺乏所引起的硒-维生素E缺乏症。

【病因】硒缺乏症的病因比较复杂。缺硒病主要是由于饲料中硒的含量不足或缺乏。而饲料中的硒含量又与土壤中可利用的硒的水平有关，因此土壤的低硒环境是本病的根本原因。

【症状】同猪维生素E缺乏症。该病具有群发、幼龄猪多发的特征。

【防治】在加强饲养管理的同时，注射硒制剂效果良好。通常应用0.1%的亚硒酸钠液，皮下或肌内注射，仔猪2~4毫升，每10~20天重复注射1次。3日龄仔猪可用富铁力（又名铁硒注射液）后腿部或颈部肌内注射1毫升，10~15日龄时再注富铁力1毫升。在应用硒制剂的同时，配合肌内注射维生素E的效果更好。

贫血病

贫血在临床上是一种最常见的病理状态。贫血不是独立的一种疾病，而是一种疾病表现症状。按原因可分为：出血性贫血、溶血性贫

血、营养性贫血和再生障碍性贫血。在这里重点介绍最常见的仔猪营养性贫血。

【病因】本病可能是仔猪机体缺乏铁所致。该病多见于舍饲的仔猪，而放牧的母猪和仔猪，可从青草及土壤中得到一定量的铁，所以很少发生。

【症状】猪出生后8~9天出现贫血症状，皮肤和可视黏膜苍白。仔猪营养不良，机体衰弱，精神不振，极度消瘦，周期性出现下痢及便秘，呼吸困难，气喘，严重影响仔猪的发育，甚至造成仔猪死亡。相反，有些则不见消瘦，且发育较快，经3~4周后，可在奔跑中突然死亡。

【防治】舍饲时可在栏内放些红土或泥炭土。对哺乳的母猪，要喂些富含铁、铜、钴及各种维生素的饲料。

铁制剂主要有：硫酸亚铁，内服75~100毫克；焦磷酸铁，每天内服300毫克，连用7天；含糖氧化铁注射液，仔猪肌内注射1~2毫升；0.5%硫酸亚铁溶液与等量的0.1%硫酸铜溶液，每天内服5毫升，或涂于母猪的乳头上。在3~4日龄的仔猪进行一次大剂量补铁（150~200毫克/头），可满足仔猪正常生长的需要。

为提高仔猪的抗病力、成活率及日增重，进行2次补铁。方法如下：3日龄进行第2次补铁，剂量仍为1毫升。注射方法均为颈部肌内注射。给仔猪补铁后，有时会引起呕吐、呼吸困难、心跳快、步态不稳等症状，严重者甚至造成死亡，这种现象即为补铁反应。防止该反应发生可从两方面做起：一是在补铁前一天给仔猪补充维生素E，或在补铁同时加乙氧喹；二是选择高质量的补铁产品。

注意：在用硫酸亚铁等药治疗猪贫血症时，因磷过多可降低铁的吸收，所以应该停喂麸皮。

仔猪肝营养不良

肝营养不良是猪缺乏硒和维生素E时的最为常见的病型之一。

【病因】在喂高能量日粮的条件下，由于硒和维生素E的含量都少，致使发育迅速的猪最容易发生该病，且多与白肌病相伴发。

【症状】此病多发于3~4周的小猪，大部分在断奶后死亡。仔猪可见呼吸困难，黏膜发绀，久卧不起。病程较长者，可能出现迟钝和食欲不振、呕吐、腹泻、便血等消化道症状，并常出现黄疸。

【防治】给仔猪注射亚硒酸钠以预防本病，7日龄、断奶时及断奶后1个月各注射1次。用富含硒和维生素E的饲料喂猪，如麸皮青饲料和优质豆科饲料。在饲料中加入硒和维生素E有相似的效果。每100千克饲料加入0.022克无水亚硒酸钠，同时每千克饲料添加20~25国际单位的维生素E。当饲料中缺乏硒和维生素E时，在母猪临产前2~3周注射0.1%亚硒酸钠10毫升和维生素E 500~1 000国际单位。

第七节　猪的常见中毒病

酒糟中毒

酒糟是酿酒工业蒸馏提纯后的残渣。新鲜的酒糟，可促进家畜的食欲，帮助消化，常用于猪的饲料，有时也作为其他家畜的辅助饲料。若饲喂或贮存不当就会导致家畜中毒。

【病因】如果对酒糟贮藏不当或贮存过久，就会腐烂变质，残存的少量乙醇逐渐形成多种游离酸（如醋酸、乳酸、酪酸）和杂醇油（如正丙醇、乙丁醇、乙戊醇）等有毒物质，其中醋酸是其常见有毒成分。当猪采食了这种酒糟，能刺激胃肠黏膜并被吸收入血而发生中毒。特别是家畜突然大量饲喂酒糟或长期饲喂酒糟而缺乏其他饲料的适当搭配，或对酒糟保管不严，被猪大量偷吃后，更容易引起中毒。

【症状】猪急性酒糟中毒表现为焦躁不安，兴奋狂叫，呼吸急促，黏膜潮红，步行跟跄或卧躺不起，腹痛下痢，衰弱。最终四肢及呼吸中枢麻痹，继而丧失知觉而死亡；慢性中毒有消化不良、顽固的便秘或拉稀，精神呆倦，黄疸、皮炎、皮肤肿胀或坏死，有时发生血尿等症状。妊娠母猪常会发生流产。

【防治】糟粕类饲料应妥善保存于干燥阴凉处，避免日晒，堆积不宜过厚，以防发酵变质。酒糟的饲喂量不宜过多，一般应与其他饲料搭配使用。酒糟在饲料中配量最多不能超过30%。对轻度酸败的酒糟可加入熟石灰粉或石灰水中和其中的酸，使毒性降低。用不完的酒糟要隔绝空气，密封保存在饲料缸中。如已严重发霉变质，则坚决废弃。一旦猪发生了酒糟中毒，可用以下方法治疗。

（1）内服1%碳酸氢钠水1 000~2 000毫升，以解除酸中毒。

（2）注射10%~20%安钠咖5~10毫升，静脉注射5%葡萄糖生理盐水500毫升，内服5%小苏打溶液1 000~2 000毫升。

（3）5%葡萄糖、胰岛素、维生素B_1三种药物配合使用，可加速酒精氧化，缓解中毒症状。

霉败饲料中毒

霉菌种类繁多，常寄生于牧草、青贮饲料、玉米、大麦、小麦、稻米及豆类制品或一些饼粕中。家畜霉败饲料中毒包括黑斑病甘薯中毒、黄曲霉毒素中毒、赤霉菌毒素中毒、霉稻草中毒、霉麦芽根中毒等，能引起猪中毒的主要为前三者。

【病因】霉败饲料中毒是由于致病性霉菌在配、混合饲料或原料中大量繁殖产生毒素，畜禽采食后而发生中毒，常造成大批发病死亡。猪霉玉米中毒的死亡率可达66%，主要是由黄曲霉毒素所致，在阴雨连绵的季节常见本病暴发。另外，由于堆放而霉变的各种青饲料中，会含有毒性不同的各种毒素，猪食入后也会引起中毒。猪赤霉菌中毒是由于猪采食了被赤霉菌、禾谷镰刀菌、念珠状镰刀菌等霉菌侵染的小麦、大麦、玉米以及其他禾本科植物的茎叶和种子而引起中毒。

【症状】猪霉变饲料中毒的主要症状为：角膜混浊、腹部膨胀、呕吐腹泻或便秘、气喘、神经紊乱、抽搐甚至昏厥死亡。猪吃发霉玉米后5~15天出现症状。病猪精神沉郁，食欲不振乃至废绝，口渴喜饮，可视黏膜黄染或苍白，四肢无力，走路蹒跚，粪便先干后稀，重者混有血丝，甚至血痢，尿黄浑浊，后期出现间歇性抽搐、角弓反张等神经症状，多因衰竭而死亡。赤霉菌毒素中毒时母猪阴户肿胀，乳腺增大，甚至出现阴道脱出等。

【防治】在玉米、花生等种子及饲料收获后应尽快晾干，饲料堆放地应保持通风干燥，严禁堆放青料，防止霉变，尤其在梅雨季节更应注意。按 0.5~2 千克/吨饲料中添加霉可吸，可广谱吸附霉菌毒素。对已霉变的饲料应及时挑出，以防止霉菌扩散。对轻度发霉的玉米可先粉碎后，用料水比为 1：3 的清水反复浸泡，直到水呈无色为止，用 10%石灰水或 1.5%氢氧化钠或草木灰代替清水浸泡去毒效果更好。对霉变严重的饲料要禁止饲喂。治疗霉变饲料中毒时，首先做饲料史调查，观察饲料种类、贮存及喂量，并结合病史、发病情况、症状、病理变化做出初步诊断后再治疗。

（1）猪中毒后用 0.1%高锰酸钾、清水或弱碱灌肠洗胃，再口服硫酸钠、小苏打、硫酸镁等催泻以缓解症状。

（2）病猪静脉注射 40%乌洛托品，皮下注射 25%樟脑水，静脉注射葡萄糖生理盐水。

（3）1%的亚甲蓝（美蓝）、20%亚硝酸钠或 20%的硫代硫酸钠以及安钠咖、硫酸镁、葡萄糖生理盐水等肌内注射或皮下注射。

（4）猪霉玉米中毒：取甘草 30 克、绿豆 100 克，煎成汤汁后，加白糖 60 克，一次灌服。或取防风 15 克，甘草 30 克，绿豆 100 克，煎汤加白糖 60 克灌服。

农药中毒

猪农药中毒以有机磷中毒、有机氯中毒、有机汞中毒较为多见。有机磷农药是农业生产中的常用的强毒性杀虫剂，常用的有 1605（对硫磷）、1059（内服磷）、3911（甲拌磷）、4049（马拉硫磷）、敌敌畏、敌百虫、乐果等。有机氯农药有六六六、滴滴涕等。有机汞有西力生、赛力散和谷乐仁生等。这些农药除具有高效杀虫作用外，对人、畜均有毒害作用。

【病因】有机磷和有机氯农药都可经皮肤、黏膜、消化道及呼吸道进入体内。若误服或投毒，或病猪误食被这些农药污染的青草或饲料而中毒。治疗体外寄生虫时用药不当或因体表涂擦面积过大，经皮肤或舔食可引起中毒。由于有机氯化学性质稳定半衰期长，长期采食有机氯残留量高的饲料，可诱发慢性蓄积中毒。

【症状】有机磷中毒的症状为大量流涎、流泪和肠音亢进，四肢、颈部肌肉痉挛，结膜充血，呼吸困难，瞳孔缩小。有机氯中毒则是出现神经性症状，如兴奋、痉挛和麻痹，轻者厌食、呕吐、腹泻、皮肤潮红、步态不稳。重者倒地不起、全身痉挛、颈部强直、狂叫不安、口流泡沫、昏迷而死。此外，多数有机磷农药有大蒜样臭味。若猪的呕吐物有这种气味，对判断是否为有机磷农药中毒大有帮助。

口服有机汞农药引起急性中毒的病例较少，如一旦发生，则病情剧烈，病猪流涎，呕吐，严重腹泻，可在发病的当天由于休克或脱水而死亡。

【防治】应切实妥善保管农药，防止猪采（舔）食喷洒有机磷农药的机械、蔬菜和农作物，以防中毒。用农药驱除猪内外寄生虫，应严格按规定的浓度、用法和用量，凡伤口或家畜易舔食的部位，均不可涂抹。用有机氯喷洒或熏蒸消毒后的厩舍要经过 2~3 小时的通风后方可将猪关入。治疗应按中毒的类型、严重程度等情况实施。

（1）猪有机农药中毒时应立即催吐。口灌催吐剂有吐根末，用量为 1~3 克，或酒石酸锑钾，用量 1~2 克。注射催吐剂有藜芦碱，用量 10~30 毫克。口服碳酸氢钠（小苏打）和木炭末各 30~50 克或用清水洗胃，然后灌服盐类泻剂。

药物治疗可用阿托品结合解磷定的综合疗法。解磷定按每千克体重 20~50 毫克，用生理盐水或葡萄糖溶液配成 2.5% 溶液静脉注射，每隔 3~4 小时 1 次，以后减半。同时使用 1% 阿托品 0.5~1 毫升，皮下注射，隔 1~2 小时 1 次，直至瞳孔开始放大，神志清醒为止。镇静忌用氯丙嗪，敌百虫中毒忌用碱性液。严重病猪应注射强心剂，如樟脑油、咖啡因等，并喂给大量饮水。

（2）有机氯农药中毒时，其中滴滴涕中毒猪内服 1%~5% 盐水，六六六中毒时灌服 3%~5% 石灰水澄清液 300~400 毫升或内服 5% 碳酸钠等碱性药物，忌用油类泻剂。也可应用25%硫酸镁溶液（20~50毫升）肌内注射或静脉注射。

（3）有机汞中毒多用"驱汞疗法"，按每千克体重5毫克肌内注射二巯基丙醇（10%油剂），其后每隔6小时重复用药。也可按每千克体重1毫克，皮下或肌内注射二巯基丙磺酸钠（5%水剂）。

氢氰酸中毒

氢氰酸中毒是由于家畜采食了富含氰苷的青饲料，在胃内酶和盐酸的作用下，产生氢氰酸。氢氰酸和氰化物均为剧毒物质，即使含量很少猪食后也易导致中毒。

【病因】猪采食了某些含氰苷的青饲料，如高粱、玉米的叶子和嫩苗，特别是高粱、玉米收割后，遗留在田里的根茎重新再发的新苗，以及亚麻叶等。此外，南瓜藤、木薯、杏仁、白果等含氰苷也较多。含氰苷的植物经过堆放、发霉或霜冻枯萎，在植物体内特殊酶或猪体内胃酸或酶的作用下，氰苷被水解而产生有剧毒作用的氢氰酸，使猪体组织的氧化过程发生障碍，造成猪缺氧而窒息死亡。

【症状】其主要特征为伴有呼吸困难、震颤、惊厥等症状的组织中毒性缺氧症。猪氢氰酸中毒发生非常迅速，常呈急性经过，病猪突然倒地、狂叫，最快者3~5分钟即可造成死亡。由饲料引起中毒者，潜伏期稍长，最长可达3~5小时。中毒后主要表现为体温下降，瞳孔放大，全身痉挛抽搐，口腔等可视黏膜呈鲜红色，急喘流涎口吐白沫，呼吸加快且困难，呼出的气体带有杏仁味，最后因呼吸麻痹而死亡。了解其病史及发病原因，可进行初诊。

【防治】本病以预防为主。在用含氰苷的植物作饲料时，最好放在流水中浸渍24小时，或漂洗后再加工利用。饲喂时还需加少量食醋。玉米、高粱收割后的再生苗，经霜冻后危害更大，一定要长到1.5米以上再收割第一茬喂猪。其幼苗不宜鲜喂，应晒干进行青贮后搭配其他饲料喂用。

本病的治疗应根据临床症状尽快做出初步诊断，进行及时治疗。该病的特征是在采食后突然发病；病猪发病时间接近，无传染性；愈

是健康壮实、采食量大的猪，发病愈剧烈，全身症状越严重等特征以及结合所喂饲料的种类、血液颜色为鲜红色（亚硝酸盐中毒时血液为酱油色）做出诊断，立即治疗。

（1）用小苏打、硫酸镁等按中毒时间及猪的大小灵活使用，灌服催吐催泻以缓解症状，必要时用高锰酸钾溶液或双氧水洗胃，以促进氢氰酸氧化。

（2）用0.1~0.2克的亚硝酸钠配成5%的溶液静脉注射，随后注射5%~10%的硫代硫酸钠溶液20~60毫升或亚硫酸钠1克、硫代硫酸钠2.5克和50毫升蒸馏水静脉注射。按每千克体重注射1%~2%的美蓝0.1~1.0毫升可代替亚硝酸钠、硫代硫酸钠疗法。

亚硝酸盐中毒

亚硝酸盐是一种氧化剂，其主要毒害作用是使血液中正常血红蛋白氧化为变性血红蛋白。亚硝酸盐中毒临床上多见于猪，俗称"饱潲病"或"饱食瘟"。临床上表现为皮肤、黏膜呈蓝紫色及其他缺氧症状。

【病因】大量的多汁植物如包菜、白菜、菠菜、甜菜叶、萝卜叶、树叶、青草、玉米杆等富含硝酸盐。这些饲料用植物在堆放过程中腐烂，或在40~60℃下长时间慢火焖煮，其中的硝酸盐被还原成亚硝酸盐，猪食后便发生中毒。青饲料焖煮在锅里24~48小时，其亚硝酸盐的含量可达200~400毫克/千克（致死量为70~75毫克/千克体重）。另外，猪喝进浸泡过大量植物的水或施过硝酸盐化肥的耕地排出的水，也可引起中毒。

【症状】病猪狂躁不安，心跳加速，呼吸困难，呕吐流涎，四肢及耳发凉并很快呈紫色，全身颤抖抽搐，体温下降，严重者倒地痉挛，口吐白沫，站立不稳，行走步态蹒跚，呼吸困难，瞳孔散大，很快昏迷窒息死亡。严重病例生前多是精神良好、食欲旺盛者，故称为"饱潲（饲料）瘟"。皮肤和可视黏膜呈蓝紫色，剪耳、断尾处流出少量暗褐色或酱油色血液，结合病史可诊断为亚硝酸盐中毒。

【防治】青饲料必须洗净切碎新鲜生喂，这样既能保持维生素不破坏，又不会使猪中毒。青饲料若需煮时，应现煮现喂，用大火急煮，煮熟煮烂，并揭开锅盖，及时翻炒，使有毒物质挥发，以免发生中毒。无论生、熟青绿饲料均摊开放，接近收割的青饲料不能再施硝酸盐等化肥农药。治疗方法如下。

（1）尽快放猪耳尖、尾尖血，用硫代硫酸钠、小苏打、硫酸镁等按中毒时间长短、猪的大小等情况灵活使用，灌服催吐催泻药以缓减症状。

（2）静脉注射或肌内注射 1% 的美蓝（亚甲蓝）溶液（每千克体重 1~2 毫克）或注射 5% 甲苯胺溶液（每千克体重 5 毫克），口服或注射大剂量维生素 C，以及静脉注射葡萄糖溶液。

（3）取生石灰水上清液 250 毫升、大蒜 2 个、雄黄 30 克、鸡蛋 3 个、小苏打 45 克，先将大蒜捣碎再加入其他各药，混合分 2 次灌服，效果显著。

（4）心脏衰弱时注射樟脑、咖啡因。

猪老鼠药中毒

老鼠药的种类繁多，常见的有安妥、磷化锌、氟乙酰氨、毒鼠强等。由于其化学组成各不相同，毒性也有所区别。

【病因】猪中毒可能是由于老鼠药散失或与其他药混淆而使用，或因他人故意投毒，以及投放的鼠药被猪误食，或猪吞食了被老鼠药毒死的老鼠和麻雀而导致中毒。

【症状】猪安妥中毒时呼吸迫促，体温偏低，有时伴有呕吐、咳嗽，流出带血色的泡沫状鼻液。同时表现兴奋和不安，或怪声嚎叫，最后多因窒息而死。猪磷化锌中毒时出现呕吐和腹痛，其呕吐物发蒜臭，在暗处呈磷光。同时伴有腹泻，粪便呈灰黄色并带有血液，在暗处也发磷光，可视黏膜呈黄色，并出现蛋白尿。氟乙酰氨等剧毒灭鼠药常引起家畜和人的急性死亡，现已被禁用。

【防治】加强对老鼠药的保管工作，并做好必要的防护措施。毒鼠强又名"闻到死""三步倒"和"比猫灵"，对所有温血动物都有剧毒，其毒性相当于氰化钾的 100 倍、砒霜的 300 倍。因此，对毒鼠强、氟乙酰胺、氟乙酸钠、毒鼠硅、甘氟等剧毒化学品应严禁使用。猪老鼠药中毒的治疗方法如下。

(1) 猪安妥中毒缺乏特效的解毒疗法,通常采用对症疗法以消除肺水肿和排除胸腔积液,并结合强心和保肝措施,也可给予维生素K或含巯基解毒剂。

(2) 猪磷化锌中毒早期,可灌服 0.2%~0.5% 硫酸铜溶液,使其催吐的同时与磷化锌形成不溶性的磷化铜,从而阻止吸收而降低毒性。同时可静脉注射高渗的葡萄糖和氯化钙溶液。

(3) 由于毒鼠强等剧毒灭鼠药造成的中毒还没有有效的解毒剂,因此主要采取对症治疗。

食盐中毒

食盐主要含氯化钠和金属元素,是动物机体不可缺少的成分。适量的食盐可增加饲料的适口性,促进食欲,激发唾液分泌,帮助消化。但猪对食盐特别敏感,如果食量过多,则可引起中毒,甚至死亡。

【病因】常常是由于食喂了用大量食盐加工的副产品如酱渣、咸菜和咸鱼(咸肉)水,或配料中添加食盐过多,过量的盐进入机体后,特别是当水的供应受到限制时,血钠浓度增高,细胞外液钠量增多,引起水肿;严重者由于细胞内水分大量进入细胞外液,而导致脱水。同时,当维生素E和含硫氨基酸等营养成分缺乏时,可使猪对食盐的敏感性升高,可能导致猪食盐中毒。

【症状】病初表现精神沉郁,极度口渴,黏膜潮红,口唇肿胀,食欲减退或废绝,继之出现呕吐和神经功能紊乱,兴奋不安,频频点头,张口咬牙,口吐白沫,转圈或前冲后退,全身痉挛或突然倒地,每次发作 2~3 分钟,多呈周期性发作甚至连续发作。猪痉挛发作时,头、颈高抬或向一侧歪斜,肌肉从头部逐渐向后抽搐,重心后移,呈犬坐势,不能起立,以游泳姿势。甚至仰翻倒地,抽搐,体温有轻度升高,心跳加快,每分钟 140~200 次,呼吸困难,发绀,最后四肢瘫痪,卧地不起,严重者 1~2 日死亡,一般 4~6 日死亡。

【防治】饲料中含盐量应按规定给予，不能超过 0.5%，并给予充足的清洁饮水。用食盐加工的副产品，应同其他饲料搭配饲喂，并严格控制饲喂量。治疗原则是：发现猪食盐中毒时，应大量喂饮水，促进食盐排出，并采取对症治疗方法。

（1）急性食盐中毒时。喂服 1% ~ 4% 硫酸铜 20 ~ 50 毫升催吐，催吐后喂服白糖 150 ~ 200 克，随后喂服油类泻剂 50 ~ 100 毫升。

（2）静脉注射 10% 葡萄糖酸钙 50 ~ 100 毫升或 25% 山梨醇液 100 ~ 250 毫升，以缓解脑水肿，降低脑内压。

（3）静脉注射 25% 硫酸镁注射液 20 ~ 40 毫升，或静脉注射（也可肌内注射）2.5% 盐酸氯丙嗪 2 ~ 5 毫升可以缓解兴奋和痉挛发作。心脏衰弱时，皮下注射安纳咖注射液。

（4）食醋 200 毫升加水或生豆浆 1 000 毫升，或甘草 50 ~ 100 克加绿豆 200 ~ 300 克煎服。青菜叶 30 克、野菊花 300 克，或茶叶 30 克、菊花 300 克煎水灌服，每天两次，连续灌服 3 ~ 4 天。

（5）生石膏 25 克、天花粉 25 克、鲜芦根 35 克、绿豆 40 克，煎汤内服（15 千克左右体重猪用量）。

马铃薯中毒

马铃薯俗称土豆，又叫洋芋、山药蛋。马铃薯中毒主要是由于马铃薯含有一种有毒的马铃薯素（龙葵素）所引起，主要发生于猪（中毒量为 10 ~ 20 毫克/千克），其他家畜较少见。

【病因】马铃薯贮藏不当，发芽或表皮变成黑绿色，便产生一种叫龙葵素的毒素，其具有腐蚀性和溶血性，猪采食过多可引起中毒。发芽或腐烂的马铃薯及其茎叶、外皮中均含有龙葵素。在马铃薯块的胚芽和受阳光照射变紫青的表皮里含量最高可达 4.76%，未成熟的块茎内含 1%，而成熟块茎中含量较少。龙葵素能刺激肠道黏膜发炎，进入血液后可损坏延脑和脊髓，产生中毒性麻痹。另外，在马铃薯的茎叶中尚含有硝酸盐，处理不当时还能引起亚硝酸盐中毒。

【症状】严重中毒病例多以神经系统功能障碍为主，病初兴奋不安，狂躁，猪有呕吐或疝痛症状，短时间后很快转为沉郁，昏迷或抽

搐，后肢无力或四肢麻痹，呼吸微弱困难，可视黏膜发绀，最后因呼吸麻痹心力衰竭 2～3 天后死亡。轻症或慢性中毒时以胃肠炎症状（呕吐、肠炎腹泻、腹痛）为主，病猪呈现食欲减退，垂头呆立或钻入垫草，流涎、呕吐或腹痛，便秘或下痢，便血，排尿困难，体温常稍低或不变。腹部发生湿疹，头颈和眼睑部发生水肿。

【防治】在用马铃薯茎叶喂猪时不要生喂，须经发酵、青贮或煮熟后滤去水再喂。生产中禁用马铃薯胚芽做饲料，发芽、腐烂或带绿皮的马铃薯，应先把胚芽、绿皮及腐烂部分削去、洗净经煮熟后再饲喂。对于长芽过多或皮肉变绿的马铃薯，应不准食用；长芽不多的可以把芽及芽的周围挖掉，用水浸泡 30 分钟，煮熟煮透后食用。治疗方法如下。

（1）中毒较轻者，可大量饮用淡盐水、绿豆汤、甘草汤等解毒。中毒较严重者，应立即用手指、筷子等刺激咽后壁催吐，然后用浓茶水或 1：5 000 高锰酸钾液、2%～5% 鞣酸反复洗胃；再口服硫酸镁导泻。

（2）中毒严重的猪也可用 5%～10% 葡萄糖溶液，5% 葡萄糖盐水或复方氯化钠注射液解毒或补液。适当饮用一些食醋，也有解毒作用。

（3）中药。金银花 20 克，明矾、甘草各 30 克，煎汤，待温热时加蜂蜜 30 克灌服。

一、猪常用的疫苗

疫苗名称	作用与用途	用法与用量
猪丹毒、多杀性巴氏杆菌病二联灭活疫苗	预防猪丹毒和猪多杀性巴氏杆菌病（即猪肺疫）。免疫期6个月	皮下或肌内注射。体重10千克以上的断奶仔猪，每头5.0毫升；未断奶的仔猪，每头3.0毫升，间隔1个月后，再注射3.0毫升
猪丹毒灭活疫苗	预防猪丹毒，免疫期6个月	皮下或肌内注射。体重10千克以上的断奶仔猪，每头5.0毫升；未断奶的仔猪，每头3.0毫升，间隔1个月后，再注射3.0毫升
猪丹毒活疫苗（G4T10株）	预防猪丹毒。供断奶后仔猪使用，免疫期6个月	皮下注射。按瓶签注明头份，用20%氢氧化铝胶生理盐水稀释成1头份/毫升，每头1.0毫升
猪多杀性巴氏杆菌病灭活疫苗	预防猪多杀性巴氏杆菌病（猪肺疫）。免疫期6个月	皮下或肌内注射。断奶后的猪，不论大小每头5.0毫升
猪口蹄疫O型（O/MYA98/BY/2010株）灭活疫苗	预防猪O型口蹄疫。免疫期为6个月	耳根后肌内注射，每头注射2毫升
猪口蹄疫O型合成肽疫苗（多肽2570+7309）	预防猪O型口蹄疫。免疫期6个月	每头猪耳后根肌内深层注射1毫升。第一次接种后，间隔4周再接种一次，此后每间隔4~6个月再加强接种1次

疫苗名称	作用与用途	用法与用量
猪口蹄疫（O型）灭活疫苗（OZK/93株+OR/80株或OS/99株）	预防猪O型口蹄疫。注射疫苗后2~3周产生免疫力，免疫期6个月	耳根后肌内注射。体重10~25千克以下，每头接种1毫升；25千克以上，每头接种2.0毫升
猪口蹄疫浓缩油乳剂灭活苗	预防猪O型口蹄疫	耳根后肌内注射，每头注射2毫升
猪口蹄疫（O型、A型）二价灭活疫苗	预防猪O型、A型口蹄疫	耳根后肌内注射，每头注射2毫升
猪链球菌病灭活疫苗（马链球菌兽疫亚种+链球菌2型）	预防C群马链球菌兽疫亚种和R群猪链球菌2型感染引起的猪链球菌病，适用于断奶仔猪、母猪。二次免疫后，免疫期6个月	肌内注射。仔猪每次接种2.0毫升，母猪3.0毫升。仔猪在21~28日龄首免，免疫20~30日后按同剂量进行第二次免疫。母猪在产前45天首免，产前30天按同剂量进行第二次免疫
猪细小病毒灭活疫苗（CP-99株）	预防猪细小病毒病。免疫期6个月	后备母猪及公猪在6~7月龄或配种前3~4周注射2次（间隔21日），每次深部肌内注射2.0毫升，经产母猪和成年公猪每年注射1次，每次2.0毫升
猪细小病毒病灭活疫苗（S-1株）	预防由猪细小病毒引起的母猪繁殖障碍病，免疫期6个月	深部肌内注射。在疫区和非疫区均可使用，不受季节限制。在阳性猪场，对5月龄至配种前14日的后备母猪、后备公猪均可使用；在阴性猪场，配种前母猪在任何时候均可接种。每头猪2.0毫升
仔猪大肠杆菌三价（K88、K99、987P纤毛抗原）氢氧化铝灭活苗	预防仔猪黄、白痢。免疫妊娠母猪，新生仔猪通过吮吸母猪的初乳而获得被动免疫	怀孕母猪产前40、15天各肌内注射1次
猪水肿病多价浓缩灭活苗	预防猪水肿病	仔猪断奶前14天肌内注射2毫升
仔猪红痢灭活疫苗	预防仔猪红痢。接种妊娠后期母猪，新生仔猪通过初乳获得预防仔猪红痢的母源抗体	肌内注射。母猪在分娩前30天和15天各接种1次，每次5.0~10毫升。如前胎已接种过本品，于分娩前15天左右接种一次即可，剂量为3.0~5.0毫升

疫苗名称	作用与用途	用法与用量
猪流感病毒 H1N1 亚型灭活疫苗（TJ 株）	预防由流感病毒 H1N1 亚型引起的猪流感，免疫期 4 个月	颈部肌内注射，每头 2 毫升（1 头份）。商品猪：25～30 日龄免疫，1 月后加强免疫 1 次；种公猪：每年春秋季各免疫 1 次；初产母猪：在产前 8～9 周首免，4 周后二免，后每胎产前 4～5 周免疫 1 次
猪圆环病毒 2 型灭活疫苗（DBN－SX07 株）	预防猪圆环病毒 2 型感染引起的疾病，免疫期 4 个月	颈部肌内注射。健康仔猪，14～21 日龄首免，间隔 14 日，加强免疫 1 次，每次每头 1.0 毫升
猪圆环病毒 2 型灭活疫苗（ZJ/C 株）	预防猪圆环病毒 2 型感染引起的疾病，免疫期 4 个月	颈部肌内注射。14 日龄以上猪，每头 2.0 毫升
猪圆环病毒 2 型灭活疫苗（WH 株）	预防猪圆环病毒 2 型引起的疾病，免疫期 3 个月	颈部肌内注射，每次每头 2 毫升。仔猪 21～28 日龄，颈部肌内注射 2 毫升/头
猪圆环病毒 2 型灭活疫苗（SH 株）	预防猪圆环病毒 2 型感染引起的疾病，免疫期 3 个月	颈部皮下或肌内注射。仔猪 14～21 日龄首免，1 毫升/头，间隔两周后以同样剂量加强免疫 1 次
副猪嗜血杆菌病二价灭活疫苗（1 型 LC 株+5 型 LZ 株）	用于预防血清 1 型和 5 型副猪嗜血杆菌引起的副猪嗜血杆菌病，免疫期为 6 个月	颈部肌内注射。仔猪：3～4 周龄首免，每头 2.0 毫升，3 周后加强免疫 1 次。母猪：产前 6～7 周首免，每头 2.0 毫升，3 周后加强免疫 1 次。公猪：首免每头 2.0 毫升，3 周后加强免疫 1 次，后每 6 个月免疫 1 次
副猪嗜血杆菌病灭活疫苗	预防副猪嗜血杆菌病，免疫期 6 个月	按瓶签注明头份，每次注射 1 头份，2 毫升/头份。种公猪每半年接种 1 次，后备母猪在产前 8～9 周首免，3 周后二免，以后每胎产前 4～5 周免疫 1 次；仔猪在 2 周龄首免，3 周后二免

疫苗名称	作用与用途	用法与用量
猪链球菌病、副猪嗜血杆菌病二联（LT株＋MD0322株＋SH0165株）灭活疫苗	预防猪链球菌2型引起的猪链球菌病和副猪嗜血杆菌4型、5型感染引起的副猪嗜血杆菌病，免疫期6个月	种公猪：普免，2次/年，肌内注射，2毫升/头； 经产母猪：普免，2次/年，或产前5~7周免疫1次，肌内注射，2毫升； 后备母猪：配种前8周免疫1次，配种前4周加强1次；肌内注射，2毫升/头； 仔猪：7~14日龄免疫1次，间隔21天加强1次，肌内注射，2毫升/头
猪传染性胃肠炎、猪流行性腹泻二联灭活疫苗（WH-1株＋AJ1102株）	预防猪传染性胃肠炎病毒和猪流行性腹泻病毒引起的猪腹泻，主动免疫持续期为3个月，仔猪被动免疫持续期为断奶后1周	颈部肌内注射。母猪产前4~5周龄接种1头份（2毫升），新生仔猪于3~5日龄接种0.5头份（1毫升），其他日龄的猪每次接种1头份
猪传染性胃肠炎、猪流行性腹泻二联灭活疫苗（华毒株＋CV777株）	预防猪传染性胃肠炎及猪流行性腹泻。主动免疫接种后2周产生免疫力，免疫持续期为6个月。仔猪被动免疫的免疫期是哺乳期至断奶后1周	被动免疫：妊娠母猪于产仔前20~30日接种4毫升；主动免疫：25千克以下仔猪1毫升，25~50千克育成猪2毫升，50千克以上成猪4毫升。被动免疫的仔猪于断奶后一周内进行主动免疫，接种1毫升。接种途径均为后海穴位。后海穴位即尾根与肛门中间凹陷的小窝部位，接种疫苗的进针深度按猪龄大小为0.5~4.0厘米，3日龄仔猪0.5厘米，随猪龄增大而加深，成猪4厘米，进针时保持与直肠平行或稍偏上
猪支原体肺炎灭活疫苗	预防猪支原体肺炎，免疫期为6个月	颈部肌内注射。每头份2毫升，7日龄以上的健康仔猪、空怀母猪每头1头份，2周后以相同剂量和方式进行2免，种公猪每半年免疫1次
猪链球菌病灭活疫苗	预防马链球菌兽疫亚种、猪链球菌2型和猪链球菌血清7型感染引起的猪链球菌病。免疫期为6个月	颈部肌内注射，按瓶签注明头份，每次肌内注射1头份（2毫升）。种公猪每半年接种1次；后备母猪在产前8-9周首免，3周后二免，以后每胎产前4~5周免疫1次；仔猪在4~5周龄免疫1次

疫苗名称	作用与用途	用法与用量
猪繁殖与呼吸障碍综合征病毒活疫苗（CH-1R株）	预防猪繁殖与呼吸障碍综合征，免疫持续期为4个月	颈部肌内注射。3~4周龄仔猪免疫1头份/头；母猪于配种前1周免疫2头份/头
猪繁殖与呼吸障碍综合征活疫苗（R98株）	预防猪繁殖与呼吸障碍综合征（猪蓝耳病），适用于7日龄以上健康猪。接种后7~14日产生免疫力，免疫期为4个月	按瓶签注明头份，用灭菌生理盐水将疫苗稀释为每头份1毫升，7日龄以上仔猪肌内注射或滴鼻，1毫升/头，后备母猪和配种前母猪肌内注射，2毫升/头
Ⅱ号炭疽芽孢疫苗	预防猪等大动物的炭疽。免疫期12个月	皮下注射，猪每头0.2毫升
布氏菌病活疫苗（S2株）	预防猪、羊和牛布氏菌病。免疫期：猪为12个月，羊为36个月，牛为24个月	口服、皮下或肌内注射接种。口服，猪每头2头份，间隔1个月再口服1次。怀孕母猪口服后不受影响。皮下或肌内注射接种：猪接种2次，每次每头2头份，间隔1个月
伪狂犬病活疫苗（Bartha-K61株）	预防猪、牛和绵羊伪狂犬病。接种后6日产生免疫力，免疫期12个月	妊娠母猪及成年猪，每头2.0毫升；3月龄以上仔猪及架子猪，每次接种1.0毫升；乳猪，第一次接种0.5毫升，断奶后再接种1.0毫升
猪伪狂犬病耐热保护剂活疫苗（HB2000株）	预防猪伪狂犬病，免疫期6个月	颈部肌内注射或滴鼻。按瓶签注明头份，稀释为1毫升/头份，每头猪1毫升。PRV抗体阴性猪，在出生后1日内滴鼻或肌内注射；具有PRV母源抗体的仔猪，在45日龄颈部肌内注射；经产母猪产前1月颈部肌内注射；后备母猪6月龄颈部肌内注射，产前1月加强免疫1次
猪伪狂犬病活疫苗（HB-98株）	预防猪伪狂犬病，注苗第7日产生免疫力，免疫期为6个月	按瓶签注明头份，用灭菌生理盐水稀释，各皮下或肌内注射1毫升（头份）。PRV抗体阴性猪，在出生后1日内滴鼻或肌内注射；具有PRV母源抗体的仔猪，在45日龄左右颈部肌内注射；经产母猪每4月注射1次；后备母猪6月龄左右颈部肌内注射1次，间隔1月后加强免疫1次，产前1月再加强免疫1次。种公猪每年春、秋各免疫1次

疫苗名称	作用与用途	用法与用量
猪伪狂犬病基因工程缺失冻干活疫苗	预防猪伪狂犬病	种猪首免后 4~6 周二免，6 个月后加强免疫 1 次。仔猪断奶时免疫 1 次至出栏
无荚膜炭疽芽孢疫苗	预防猪、牛、绵羊和马的炭疽。免疫期 12 个月	皮下注射。猪每头 0.5 毫升
猪败血性链球菌病活疫苗（ST171 株）	预防由兰氏 C 群兽疫链球菌引起的猪败血型链球菌病。免疫期 6 个月	皮下注射或口服。按瓶签注明头份，加入 20% 氢氧化铝胶生理盐水或生理盐水作适当稀释，每头皮下注射 1 头份或口服 4 头份
猪丹毒活疫苗	预防猪丹毒。供断奶后的猪使用，免疫期 6 个月	皮下注射。按瓶签注明头份，用 20% 氢氧化铝胶生理盐水稀释成 1 头份/毫升，每头 1.0 毫升。GC42 株疫苗可用于口服，口服时剂量加倍
猪多杀性巴氏杆菌病活疫苗（679 - 230 株）	预防猪多杀性巴氏杆菌病（猪肺疫）。免疫期 10 个月	口服，按瓶签注明头份，用冷开水稀释疫苗，按每头 1 头份混于少量的饲料内服用
猪多杀性巴氏杆菌病活疫苗（C20 株）	预防猪多杀性巴氏杆菌病（猪肺疫）。免疫期 6 个月	口服，按瓶签注明头份，用冷开水稀释疫苗，按每头 1 头份，混于少量的饲料内服用
猪多杀性巴氏杆菌病活疫苗（E0630 株）	预防猪多杀性巴氏杆菌病（猪肺疫）。免疫期 6 个月	皮下或肌内注射。按瓶签注明头份，用 20% 氢氧化铝胶生理盐水稀释为每头 1.0 毫升，每头注射 1.0 毫升
猪瘟活疫苗（兔源）	预防猪瘟。接种后 4 日产生免疫力。断奶后无母源抗体仔猪的免疫期，脾淋苗为 18 个月，乳兔苗为 12 个月	肌内或皮下注射。按瓶签注明头份，用生理盐水稀释为每头 1.0 毫升，每头注射 1.0 毫升。在无疫区，断奶后无母源抗体的仔猪，接种 1 次即可。有疫情威胁时，仔猪可在 21~30 日龄和 65 日龄左右时各再接种 1 次
猪瘟活疫苗（细胞源）	预防猪瘟。接种后 4 日产生免疫力。断奶后无母源抗体仔猪的免疫期为 12 个月	肌内或皮下注射。按瓶签注明头份，用生理盐水稀释为 1 头份/毫升，每头注射 1.0 毫升。在无疫区，断奶后无母源抗体的仔猪，接种 1 次即可。有疫情威胁时，仔猪可在 21~30 日龄和 65 日龄左右时各再接种 1 次。断奶仔猪可接种 4 头份疫苗，以防母源抗体干扰而导致免疫效果降低

疫苗名称	作用与用途	用法与用量
猪瘟活疫苗（传代细胞源）（CVCC AV1412株）	预防猪瘟。断奶后无母源抗体仔猪的免疫期为12个月	肌内或皮下注射。 (1) 按瓶签注明头份，用灭菌生理盐水稀释成1头份/毫升，每头1.0毫升。 (2) 在没有猪瘟流行的地区，断奶后无母源抗体的仔猪，接种1次即可。有疫情威胁时，仔猪可在21~30日龄和65日龄左右时各接种1次
猪瘟耐热保护剂活疫苗（兔源）	预防猪瘟专用，注射疫苗4日后，即可产生免疫力。断奶后无母源抗体的仔猪免疫期为12个月	肌内或皮下注射。 (1) 按瓶签注明头份加生理盐水稀释，大小猪均1毫升。 (2) 在没有猪瘟流行的地区，断奶后无母源抗体的仔猪，注射1次即可。有疫情威胁时，仔猪可在21~30日龄和65日龄左右时各注射1次 (3) 断奶前仔猪可接种4头剂疫苗，以防母源抗体干扰
猪瘟、猪丹毒、猪多杀性巴氏杆菌病三联活疫苗	预防猪瘟、猪丹毒、猪多杀性巴氏杆菌病。猪瘟免疫期为12个月，猪丹毒和猪肺疫免疫期各为6个月	肌内注射。按瓶签注明头份，用生理盐水稀释为1头份/毫升。断奶半个月以上猪每头1.0毫升；断奶半个月以内的仔猪，每头1.0毫升，但应在断奶后2个月再接种1次
猪乙型脑炎活疫苗	预防猪乙型脑炎。免疫期12个月	肌内注射。按瓶签注明头份，用专用稀释液稀释为1头份1.0毫升。每头注射1.0毫升。6~7月龄后备种母猪和种公猪配种前20~30日肌内注射1.0毫升，以后每年春季加强免疫1次。经产母猪和成年种公猪，每年春季免疫1次，每次肌内注射1.0毫升。在乙型脑炎流行地区，仔猪和其他猪群也应接种

续表

疫苗名称	作用与用途	用法与用量
仔猪副伤寒活疫苗	预防仔猪副伤寒	口服或耳后浅层肌内注射。适用于1月龄以上哺乳或断乳健康仔猪口服或注射。 口服：按瓶签注明头份，使用前用冷开水稀释为每头份5.0~10毫升，给猪灌服，或稀释后均匀地拌入饲料中，让猪自由采食。 注射：按瓶签注明头份，用20%氢氧化铝胶生理盐水稀释为每头份1.0毫升

二、猪场免疫程序

疫苗接种要严格按照说明书规定的接种途径、剂量、注意事项，以及科学的免疫程序进行。

免疫程序是通过大量科学试验制定的。免疫程序的制定必须要考虑到当地疫情状况、动物的饲养管理（如断奶时间、营养、转群、饲养期等）、动物的母源抗体水平、疫苗抗原的免疫性、疫苗抗原含量、免疫次数、接种动物的反应性等。因此，根据免疫效果，需要在实践中不断总结和完善。尤其是基础免疫，首先应该考虑当地的疫情状况，其次要考虑机体母源抗体水平或原有的抗体水平、首免时间、基础免疫次数及剂量等。

不同的地区养殖的猪种及流行疫病不同，具体实施时可参照本地猪病发生地实际情况灵活增减。以下程序仅供参考。

育肥猪免疫程序

时间	病种	疫苗	途径	剂量	备注
1~3日龄	猪伪狂犬病	基因缺失活疫苗	滴鼻	1头份/头	

时间	病种	疫苗	途径	剂量	备注
7 日龄	猪传染性萎缩性鼻炎	猪传染性萎缩性鼻炎灭活疫苗	颈部皮下注射		疫区免疫
14 日龄	猪气喘病	猪支原体肺炎灭活疫苗	肌内注射	1 头份/头	
21~28 日龄	猪传染性萎缩性鼻炎	猪传染性萎缩性鼻炎灭活疫苗	颈部皮下注射		疫区免疫
21~28 日龄	猪圆环病毒 2 型	猪圆环病毒 2 型灭活疫苗	肌内注射	1 头份/头	
35 日龄	猪伪狂犬病	基因缺失活疫苗	肌内注射	1 头份/头	
20~35 日龄	猪瘟、猪丹毒、猪肺疫	猪瘟、猪丹毒、猪肺疫三联活疫苗	肌内注射	1 头份/头	
40 日龄	仔猪副伤寒	仔猪副伤寒活疫苗	口服或肌内注射		
35~45 日龄	猪传染性胸膜肺炎	猪传染性胸膜肺炎灭活疫苗	肌内注射	0.5 毫升/头	
42~49 日龄	猪圆环病毒 2 型	猪圆环病毒 2 型灭活疫苗	肌内注射	1 头份/头	
50 日龄	口蹄疫	O 型、A 型二价灭活疫苗	肌内注射	2 毫升/头	
65~75 日龄	猪传染性胸膜肺炎	猪传染性胸膜肺炎灭活疫苗	肌内注射	1 毫升/头	
50~70 日龄	猪瘟、猪丹毒、猪肺疫	猪瘟、猪丹毒、猪肺疫三联活疫苗	肌内注射	1 头份/头	
70 日龄	猪伪狂犬病	基因缺失活疫苗		1 头份/头	
80 日龄	口蹄疫	O 型、A 型二价灭活疫苗	肌内注射	2 毫升/头	

注：有条件猪场可根据母源抗体检测情况适当调整首免时间；途径与剂量以说明书为准

后备母猪免疫程序

时间	病种	疫苗	途径	剂量	备注
1~3 日龄	猪伪狂犬病	基因缺失活疫苗	滴鼻	1 头份/头	

时间	病种	疫苗	途径	剂量	备注
14 日龄	猪气喘病	猪支原体肺炎灭活疫苗	肌内注射	1 头份/头	
21~28 日龄	猪圆环病毒 2 型	猪圆环病毒 2 型灭活疫苗	肌内注射	1 头份/头	
35 日龄	猪伪狂犬病	基因缺失活疫苗	肌内注射	1 头份/头	
20~35 日龄	猪瘟、猪丹毒、猪肺疫	猪瘟、猪丹毒、猪肺疫三联活疫苗	肌内注射	1 头份/头	
42~49 日龄	猪圆环病毒 2 型	猪圆环病毒 2 型灭活疫苗	肌内注射	1 头份/头	
50 日龄	口蹄疫	O 型、A 型二价灭活疫苗	肌内注射	2 毫升/头	
50~70 日龄	猪瘟、猪丹毒、猪肺疫	猪瘟、猪丹毒、猪肺疫三联活疫苗	肌内注射	1 头份/头	
70 日龄	猪伪狂犬病	基因缺失活疫苗	肌内注射	1 头份/头	
80 日龄	口蹄疫	O 型、A 型二价灭活疫苗	肌内注射	2 毫升/头	
配种前 60 天	猪流行性脑炎	猪流行性脑炎疫苗	肌内注射	1 头份/头	疫区免疫
配种前 50 天	猪流行性脑炎	猪流行性脑炎疫苗	肌内注射	1 头份/头	疫区免疫
配种前 40 天	猪瘟			1 头份/头	
配种前 30 天	猪传染性胸膜肺炎	猪传染性胸膜肺炎灭活疫苗	肌内注射	2 毫升/头	疫区免疫
配种前 30 天	猪细小病毒	猪细小病毒灭活疫苗	肌内注射	1 头份/头	疫区免疫
配种前 15 天	猪细小病毒	猪细小病毒灭活疫苗	肌内注射	1 头份/头	疫区免疫
配种前 14 天	仔猪大肠杆菌病	仔猪大肠杆菌病 K88、K99 双价基因工程灭活疫苗	肌内注射	1 头份/头	疫区免疫
产前 30 天	猪传染性萎缩性鼻炎	猪传染性萎缩性鼻炎灭活疫苗	颈部皮下注射		疫区免疫

注：有条件猪场可根据母源抗体检测情况适当调整首免时间；途径与剂量以说明书为准

经产母猪免疫程序

时间	病种	疫苗	途径	剂量	备注
1月8日	口蹄疫	O型、A型二价灭活疫苗	肌内注射	2毫升/头	
2月8日	猪瘟、猪丹毒、猪肺疫	猪瘟、猪丹毒、猪肺疫三联活疫苗	肌内注射	1头份/头	
2月18日	猪气喘病	猪支原体肺炎灭活疫苗	肌内注射	1头份/头	
3月8日	猪伪狂犬病	基因缺失活疫苗	肌内注射	1头份/头	
4月8日	口蹄疫	O型、A型二价灭活疫苗	肌内注射	2毫升/头	
4月18日	猪流行性脑炎	猪流行性脑炎疫苗	肌内注射	1头份/头	
5月8日	猪瘟、猪丹毒、猪肺疫	猪瘟、猪丹毒、猪肺疫三联活疫苗	肌内注射	1头份/头	
6月8日	猪伪狂犬病	基因缺失活疫苗	肌内注射	1头份/头	
7月8日	口蹄疫	O型、A型二价灭活疫苗	肌内注射	2毫升/头	
8月8日	猪瘟、猪丹毒、猪肺疫	猪瘟、猪丹毒、猪肺疫三联活疫苗	肌内注射	1头份/头	
8月18日	猪气喘病	猪支原体肺炎灭活疫苗	肌内注射	1头份/头	
9月8日	猪伪狂犬病	基因缺失活疫苗	肌内注射	1头份/头	
10月8日	口蹄疫	O型、A型二价灭活疫苗	肌内注射	2毫升/头	
11月8日	猪瘟、猪丹毒、猪肺疫	猪瘟、猪丹毒、猪肺疫三联活疫苗	肌内注射	1头份/头	
12月8日	猪伪狂犬病	基因缺失活疫苗	肌内注射	1头份/头	
配种前60天	猪圆环病毒2型	猪圆环病毒2型灭活疫苗	肌内注射	1头份/头	
配种前30天	猪圆环病毒2型	猪圆环病毒2型灭活疫苗	肌内注射	1头份/头	
产前40天	猪流行性腹泻、猪传染性胃肠炎	猪流行性腹泻、猪传染性胃肠炎二联活疫苗	肌内注射	1头份/头	疫区免疫
产前35~40天	猪梭菌性肠炎	猪梭菌性肠炎灭活疫苗	肌内注射	2毫升/头	

时间	病种	疫苗	途径	剂量	备注
产前30天	猪传染性萎缩性鼻	猪传染性萎缩性鼻炎灭活疫苗	颈部皮下注射		疫区免疫
产前30天	猪传染性胸膜肺炎	猪传染性胸膜肺炎灭活疫苗	肌内注射	2毫升/头	疫区免疫
产前30天	猪圆环病毒2型	猪圆环病毒2型灭活疫苗	肌内注射	1头份/头	
产前20天	猪流行性腹泻、猪传染性胃肠炎	猪流行性腹泻、猪传染性胃肠炎二联活疫苗	肌内注射	1头份/头	疫区免疫
产前14天	仔猪大肠杆菌病	仔猪大肠杆菌病K88、K99双价基因工程灭活疫苗	肌内注射		疫区免疫
产前10~15天	猪梭菌性肠炎	猪梭菌性肠炎灭活疫苗	肌内注射	2毫升/头	疫区免疫

公猪免疫程序

时间	病种	疫苗	途径	剂量	备注
1月8日	口蹄疫	O型、A型二价灭活疫苗	肌内注射	2毫升/头	
1月18日	猪圆环病毒2型	猪圆环病毒2型灭活疫苗	肌内注射	1头份/头	
2月8日	猪瘟、猪丹毒、猪肺疫	猪瘟、猪丹毒、猪肺疫三联活疫苗	肌内注射	1头份/头	
2月18日	猪气喘病	猪支原体肺炎灭活疫苗	肌内注射	1头份/头	
3月8日	猪伪狂犬病	基因缺失活疫苗	肌内注射	1头份/头	
3月28日	猪传染性胸膜肺炎	猪传染性胸膜肺炎灭活疫苗	肌内注射	2毫升/头	疫区免疫
4月8日	口蹄疫	O型、A型二价灭活疫苗	肌内注射	2毫升/头	
4月18日	猪流行性脑炎	猪流行性脑炎疫苗	肌内注射	1头份/头	
5月8日	猪瘟、猪丹毒、猪肺疫	猪瘟、猪丹毒、猪肺疫三联活疫苗	肌内注射	1头份/头	

时间	病种	疫苗	途径	剂量	备注
5月18日	猪圆环病毒2型	猪圆环病毒2型灭活疫苗	肌内注射	1头份/头	
6月8日	猪伪狂犬病	基因缺失活疫苗	肌内注射	1头份/头	
7月8日	口蹄疫	O型、A型二价灭活疫苗	肌内注射	2毫升/头	
8月8日	猪瘟、猪丹毒、猪肺疫	猪瘟、猪丹毒、猪肺疫三联活疫苗	肌内注射	1头份/头	
8月18日	猪气喘病	猪支原体肺炎灭活疫苗	肌内注射	1头份/头	
9月8日	猪伪狂犬病	基因缺失活疫苗	肌内注射	1头份/头	
9月18日	猪圆环病毒2型	猪圆环病毒2型灭活疫苗	肌内注射	1头份/头	
9月28日	猪传染性胸膜肺炎	猪传染性胸膜肺炎灭活疫苗	肌内注射	2毫升/头	
10月8日	口蹄疫	O型、A型二价灭活疫苗	肌内注射	2毫升/头	
11月8日	猪瘟、猪丹毒、猪肺疫	猪瘟、猪丹毒、猪肺疫三联活疫苗	肌内注射	1头份/头	
12月8日	猪伪狂犬病	基因缺失活疫苗	肌内注射	1头份/头	

上述介绍的免疫程序是一般原则，仅作为参考，必须根据实际防疫效果适当修正。

三、疫苗的保存

1. 弱毒活疫苗

大多数的活疫苗都采用冷冻真空干燥的方式冻干保存，可延长疫苗的保存时间，保持疫苗的效价。病毒性冻干疫苗常在-15℃以下保存，保存期一般为2年。细菌性冻干疫苗在-15℃保存时，保存期一般为2年；2~8℃保存时，保存期9个月。

2. 灭活疫苗

这类疫苗为以白油等为佐剂乳化而成，大多数病毒性灭活疫苗采

用这种方式。油佐剂疫苗注入肌肉后，疫苗中的抗原物质缓慢释放，从而延长疫苗的作用时间。这类疫苗 2~8℃保存，禁止冻结。

3. 铝胶佐剂疫苗

以铝胶按一定比例混合而成，大多数细菌性灭活疫苗采用这种方式，疫苗作用时间比油佐剂疫苗快。2~8℃保存，不宜冻结。

4. 蜂胶佐剂灭活疫苗

以提纯的蜂胶为佐剂制成的灭活疫苗，蜂胶具有增强免疫的作用。2~8℃保存，不宜冻结，用前充分摇匀。

四、疫苗接种的注意事项

① 根据养猪场的实际情况，选择可靠和适合自己猪场的疫苗及相应的血清型。

② 认真阅读并遵守疫苗使用说明书。明确疫苗特点、用途、装量、稀释液、稀释液的使用量、每头剂量、接种方法及注意事项等。

③ 注射部位先用 5%碘酒消毒、75%酒精脱碘，再进行注射。按疫苗要求选择注射部位。在发生疫情时，由兽医师严格指导，按安全区、威胁区、发病区依次注苗，并观察疫病和疫情发展变化情况。

④ 注意疫苗质量问题。超温保存的疫苗、过期疫苗、失真空疫苗不能使用，疫苗自稀释后 15℃以下 4 小时、15~25℃ 2 小时、25℃以上 1 小时内使用完。

⑤ 注射时注意用具的消毒，防止交叉感染。免疫时，每注射一头猪必须更换一次消毒的针头，严禁打"飞针"。

⑥ 接种疫苗时，要部位准确，不能少注漏注。被注射猪只必须健康，如体质瘦弱、有病、体温升高、食欲不振等均不应注射。

⑦ 防止相互干扰。在注射病毒性疫苗的前后 3 天严禁使用抗病毒药物，2 种病毒性活疫苗的使用要间隔 7~10 天，减少相互干扰。病毒性活疫苗和灭活疫苗可同时分开使用。注射活菌疫苗前后 5 天严

禁使用抗生素，2种细菌性活疫苗可同时使用。

⑧ 不能随便加大疫苗的用量，确需加大时要在兽医指导下进行。细菌性活疫苗，如猪肺疫活疫苗、链球菌活疫苗、猪丹毒活疫苗等虽然是弱毒疫苗，按规定剂量使用是安全的，但毕竟还是有部分毒力，在使用时应严格按说明书上的剂量使用。

⑨ 个别猪只因个体差异，在注射油佐剂疫苗时，如注射疫苗后半小时左右开始出现呼吸急促、全身潮红或苍白等可疑过敏症状时，一般要用肾上腺素、地塞米松等解救动物。

⑩ 接种过程中须做好记录，注明接种猪的品种、大小、性别、数量、接种时间、疫苗名称、生产厂家、批号、失效期、注射剂量和操作人员等。

五、猪场用药指南

种公、母猪用药指南

序号	时间（日龄）	疫苗及药品	用法及用量
1	40~50	左旋咪唑 或虫克星（1%阿维霉素）	8~15毫克/千克体重拌料 0.3毫升/千克体重皮下注射
2	后备母猪配种前驱虫1次（6月龄）	虫克星（1%阿维霉素） 或敌百虫片	0.2毫升/千克体重皮下注射 100毫克/千克拌料分两次喂
3	配种当日	0.1%亚硒酸钠 维生素A、E	5~10毫升，肌内注射 400~600毫克，口服
4	产仔前15天	饲料中拌四环素2次	0.01%~0.03%拌料，4~7天
5	产仔前2~3天	氟苯尼考、替米考星、环丙沙星等	预防乳房炎，仔猪黄、白痢
6	分娩后40天	四环素拌料2次	0.01%~0.03%拌料，4~7天
7	分娩后60天	驱虫（伊维菌素、爱比菌素）	0.3毫克/千克体重皮下注射

肥育猪用药指南

序号	时间（日龄）	疫苗及药品	用法及用量
1	3~4	铁钴液 硒-维生素E注射液	颈部肌内注射50~150毫克，重症者3天后再注1次 肌内注射2~3毫升/只
2	35（转群前全群用药1次）	左旋咪唑 或虫克星（1%阿维菌素）	8~15毫克/千克体重拌料驱虫 0.3毫升/千克体重皮下注射
3	40	四环素、土霉素等	0.01%~0.03%拌料，4~7天
4	60~70	丙硫咪唑 虫克星（1%阿维霉素） 溴氰菊脂	10~20毫克/千克体重拌料驱虫 0.2毫升/千克体重皮下注射 50~100毫克/千克喷洒，10天后再喷1次防疥螨

备注：不同地区养殖猪种及流行疫病不同，具体实施时应根据本场猪病发生情况及卫生条件灵活增减。

六、猪场驱虫模式

寄生虫分为体内寄生虫和体外寄生虫，猪群感染寄生虫后不仅使体重下降、饲料转化效率低，严重时可导致猪只死亡，引起很大的经济损失，因此猪场必须驱除体内外寄生虫。感染猪的寄生虫种类繁多，危害严重的主要包括：弓形虫、猪球虫、小袋纤毛虫等寄生原虫、囊虫、旋毛虫、猪毛首线虫（鞭虫）、蛔虫、类圆线虫、结节线虫等寄生蠕虫和疥螨、猪虱等外寄生虫。

猪场驱虫模式一

1. 驱虫模式

（1）对猪场全部猪驱虫1次。

（2）母猪产仔前1~2周驱虫1次。

（3）种公猪1年驱虫2次。

（4）仔猪断奶转群前驱虫1次。

（5）新购猪只驱虫2次，隔离至少30天才能并群。

（6）彻底清洁环境，加强粪便管理，防止再次感染。

2. 驱虫药物

（1）伊维菌素或阿维菌素。2毫克/千克拌料（每千克体重每日给予100微克伊维菌素或阿维菌素），连用7天；或颈部皮下注射0.3毫克/千克。伊维菌素和阿维菌素可用于怀孕母畜，首次用药后7~10天，也可再用一次，便能控制多种线虫（蛔虫、类圆线虫、鞭虫等）和疥螨等体内外寄生虫。用药后应彻底清洁环境，粪便集中发酵等无害处理。

（2）左旋咪唑（8毫克/千克体重内服给药）；敌百虫（用2%~3%水溶液，现用现配）灌服，每千克体重0.10~0.12克（总量不超过7.0克），也可拌入饲料中喂服，能驱除猪体内线虫。可二次用药，中间间隔7~10天。

（3）1%~2%敌百虫水溶液或50~100毫克/千克溴氰菊脂喷洒，10天后再喷洒1次。可防治外寄生虫，如疥螨感染等，亦可选用除虫菊脂类其他药物。敌百虫等有机磷类最好不要用于怀孕母畜。若发生呕吐、腹痛、流涎、瞳孔缩小等中毒症状，可用1%阿托品（3~5毫升/头，1次/4小时，连用3次）等药物解毒。

猪场驱虫模式二

一、应用药物

阿维菌素（虫克星）是猪场寄生虫控制的首选药物，安全可靠，可用于围产期驱虫，且只用一种药物即可驱除猪体内外主要危害性寄生虫（猪蛔虫、圆线虫、旋毛虫、结节线虫、类圆线虫、肺线虫、肾虫、猪鞭虫、猪血虱、猪疥螨、蠕形螨以及蝇蛆等）。药物特点：只需口服，即可达到内驱外浴、体内外兼治的目的。

二、应用程序

（1）每年春季和秋季对全场猪各应用一次药物，按每千克拌入 1.5~2.0 克阿维菌素（0.2%）粉剂，自由采食，连用 3 天。

（2）对怀孕母猪产前 1~2 周内应用一次药物，按 2.0 克/千克的比例拌料；对哺乳母猪按 1.0 克/千克的比例拌料，自由采食，连用 3 天。

（3）对种公猪，一般在春秋两季各驱虫一次；对引进种猪先驱虫一次后再合群。每次按 2.0 克/千克的比例拌料，自由采食，连用 3 天。

（4）对仔猪在 20~30 日龄（乳猪补料期间）、60~70 日龄（仔猪转群期间）各驱一次，第一次按 0.5 克/千克的比例拌料，第二次按 1.0 克/千克的比例拌料，自由采食，连用 3 天。

三、相关说明

（1）如猪只寄生虫病严重，可选用阿维菌素 1% 针剂进行注射治疗。每 35 千克体重用 1 毫升。

（2）由于阿维菌素对疥螨的药效并非立即起作用，至少在治疗 1 周内，应避免未治疗与已治疗猪只的接触。

（3）因虱卵的孵化期可能需要 3 周，必要时可再次用药进行治疗。

（4）对 20 日龄以下的猪最好不用药，如一定要用，请准确计算。

（5）如有吸虫、绦虫可选用丙硫苯咪唑。

（6）猪只在用药 2 周后才可屠宰供人食用。

（7）小心阿维菌素对鱼类及某些水生生物产生不良影响。

（8）商品猪驱虫前最好健胃。

（9）同时驱体内外寄生虫时一般采用虫清、伊维菌素、阿维菌素等混饲连喂 1 周的方法；只驱体外寄生虫时一般采用敌白虫等体外喷雾的方法。

七、常用抗菌药的使用方法

抗菌药是临床最广泛应用的药物之一，在很多疾病防治中发挥着重要作用。依据药敏试验结果，选用高敏抗菌药物，并采用适当的给药途径。同时，要注意轮换用药、交叉用药、发挥协同作用的联合用药，但要注意配伍禁忌、副作用、残留及休药期等。

（1）氧氟沙星或环丙沙星或蒽诺沙星或二氟沙星。2.5~8毫克/千克体重/次，1日1~2次，肌内注射或口服，连用3~5日。

（2）硫酸新霉素。仔猪内服量为0.75~1克/日，分2~4次内服。预防量：分娩舍母猪产前1周110毫克/千克拌料；3~8周龄仔猪55毫克/千克拌料。

（3）阿普拉霉素。100毫克/千克拌料。

（4）丁氨卡那霉素（阿米卡星）/硫酸卡那霉素。猪肌内注射量为10~15毫克/千克体重，1日2次，5日为一疗程。

（5）硫酸庆大霉素。仔猪10~15毫克/千克，分3次内服，猪肌内注射量1~1.5毫克/千克。

（6）硫酸黏杆菌素（硫酸抗敌素）。哺乳母猪40毫克/千克拌料；仔猪20毫克/千克拌料。

（7）洁霉素（林可霉素、可肥素）。猪于孕期100日至分娩后3周，按55~80毫克/千克混饲的给药，在产仔数、窝重、大小都有效果，并可减少腹泻。猪混饲的浓度45~110毫克/千克。猪肌内注射10~30毫克/千克体重，每日2次。

（8）利高霉素。10毫克/千克体重/天，口服3日。

（9）痢菌净。0.5%注射液，3~5毫克/次/天，1日2次，连用3日。

（10）酒石酸泰乐菌素+SM2。各100毫克/千克拌料。

（11）泰妙菌素（泰妙灵、支原净）。120~360毫克/千克拌料。

（12）金霉素。400毫克/千克（可+100毫克/千克SM2）拌料。

（13）替米考星。本品100克拌料100千克，连用5~7日。

八、兽用处方药品种目录

一、抗微生物药

（一）抗生素类

（1）β-内酰胺类：注射用青霉素钠、注射用青霉素钾、氨苄西林混悬注射液、氨苄西林可溶性粉、注射用氨苄西林钠、注射用氯唑西林钠、阿莫西林注射液、注射用阿莫西林钠、阿莫西林片、阿莫西林可溶性粉、阿莫西林克拉维酸钾注射液、阿莫西林硫酸黏菌素注射液、注射用苯唑西林钠、注射用普鲁卡因青霉素、普鲁卡因青霉素注射液、注射用苄星青霉素。

（2）头孢菌素类：注射用头孢噻呋、盐酸头孢噻呋注射液、注射用头孢噻呋钠、头孢氨苄注射液、硫酸头孢喹肟注射液。

（3）氨基糖苷类：注射用硫酸链霉素、注射用硫酸双氢链霉素、硫酸双氢链霉素注射液、硫酸卡那霉素注射液、注射用硫酸卡那霉素、硫酸庆大霉素注射液、硫酸安普霉素注射液、硫酸安普霉素可溶性粉、硫酸安普霉素预混剂、硫酸新霉素溶液、硫酸新霉素粉（水产用）、硫酸新霉素预混剂、硫酸新霉素可溶性粉、盐酸大观霉素可溶性粉、盐酸大观霉素盐酸林可霉素可溶性粉。

（4）四环素类：土霉素注射液、长效土霉素注射液、盐酸土霉素注射液、注射用盐酸土霉素、长效盐酸土霉素注射液、四环素片、注射用盐酸四环素、盐酸多西环素粉（水产用）、盐酸多西环素可溶性粉、盐酸多西环素片、盐酸多西环素注射液。

（5）大环内酯类：红霉素片、注射用乳糖酸红霉素、硫氰酸红霉素可溶性粉、泰乐菌素注射液、注射用酒石酸泰乐菌素、酒石酸泰乐菌素可溶性粉、酒石酸泰乐菌素磺胺二甲嘧啶可溶性粉、磷酸泰乐菌素磺胺二甲嘧啶预混剂、替米考星注射液、替米考星可溶性粉、替米考星预混剂、替米考星溶液、磷酸替米考星预混剂、酒石酸吉他霉素可溶性粉。

（6）酰胺醇类：氟苯尼考粉、氟苯尼考粉（水产用）、氟苯尼考注射液、氟苯尼考可溶性粉、氟苯尼考预混剂、氟苯尼考预混剂（50%）、甲砜霉素注射液、甲砜霉素粉、甲砜霉素粉（水产用）、甲砜霉素可溶性粉、甲砜霉素片、甲砜霉素颗粒。

（7）林可胺类：盐酸林可霉素注射液、盐酸林可霉素片、盐酸林可霉素可溶性粉、盐酸林可霉素预混剂、盐酸林可霉素硫酸大观霉素预混剂。

（8）其他：延胡索酸泰妙菌素可溶性粉。

（二）合成抗菌药

（1）磺胺类药：复方磺胺嘧啶预混剂、复方磺胺嘧啶粉（水产用）、磺胺对甲氧嘧啶二甲氧苄啶预混剂、复方磺胺对甲氧嘧啶粉、磺胺间甲氧嘧啶粉、磺胺间甲氧嘧啶预混剂、复方磺胺间甲氧嘧啶可溶性粉、复方磺胺间甲氧嘧啶预混剂、磺胺间甲氧嘧啶钠粉（水产用）、磺胺间甲氧嘧啶钠可溶性粉、复方磺胺间甲氧嘧啶钠粉、复方磺胺间甲氧嘧啶钠可溶性粉、复方磺胺二甲嘧啶粉（水产用）、复方磺胺二甲嘧啶可溶性粉、复方磺胺甲噁唑粉、复方磺胺甲噁唑粉（水产用）、复方磺胺氯达嗪钠粉、磺胺氯吡嗪钠可溶性粉、复方磺胺氯吡嗪钠预混剂、磺胺喹噁啉二甲氧苄啶预混剂、磺胺喹啉钠可溶性粉。

（2）喹诺酮类药：蒽诺沙星注射液、蒽诺沙星粉（水产用）、蒽诺沙星片、蒽诺沙星溶液、蒽诺沙星可溶性粉、蒽诺沙星混悬液、盐酸蒽诺沙星可溶性粉、乳酸环丙沙星可溶性粉、乳酸环丙沙星注射液、盐酸环丙沙星注射液、盐酸环丙沙星可溶性粉、盐酸环丙沙星盐酸小檗碱预混剂、维生素C磷酸酯镁盐酸环丙沙星预混剂、盐酸沙拉沙星注射液、盐酸沙拉沙星片、盐酸沙拉沙星可溶性粉、盐酸沙拉沙星溶液、甲磺酸达氟沙星注射液、甲磺酸达氟沙星溶液、甲磺酸达氟沙星粉、甲磺酸培氟沙星可溶性粉、甲磺酸培氟沙星注射液、甲磺酸培氟沙星颗粒、盐酸二氟沙星片、盐酸二氟沙星注射液、盐酸二氟沙星粉、盐酸二氟沙星溶液、诺氟沙星粉（水产用）、诺氟沙星盐酸小檗碱预混剂（水产用）、乳酸诺氟沙星可溶性粉（水产用）、乳酸诺氟沙星注射液、烟酸诺氟沙星注射液、烟酸诺氟沙星可溶性粉、烟酸诺氟沙星溶液、烟酸诺氟沙星预混剂（水产用）、噁喹酸散、噁喹酸混悬液、噁喹酸溶液、氟甲喹可溶性粉、氟甲喹粉、盐酸洛美沙星片、盐酸洛美沙星可溶性粉、盐酸洛美沙星注射液、氧氟沙星片、氧氟沙星可溶性粉、氧氟沙星注射液、氧氟沙星溶液（酸性）、氧氟沙星溶液（碱性）。

（3）其他：乙酰甲喹片、乙酰甲喹注射液。

（三）2016 年后确定的抗微生物处方药

（1）抗生素：硫酸黏菌素预混剂、硫酸黏菌素预混剂（发酵）、硫酸黏菌素可溶性粉、复方阿莫西林粉、复方氨苄西林粉、氨苄西林钠可溶性粉、硫酸庆大-小诺霉素注射液、注射用硫酸头孢喹肟、乙酰氨基阿维菌素注射液

（2）磺胺类：盐酸氨丙啉磺胺喹噁啉钠可溶性粉、复方磺胺二甲嘧啶钠可溶性粉、联磺甲氧苄啶预混剂、复方磺胺喹噁啉钠可溶性粉、磺胺氯达嗪钠乳酸甲氧苄啶可溶性粉

二、抗寄生虫药

（一）抗蠕虫药

阿苯达唑硝氯酚片、甲苯咪唑溶液（水产用）、硝氯酚伊维菌素片、阿维菌素注射液、碘硝酚注射液、精制敌百虫片、精制敌百虫粉（水产用）。

（二）抗原虫药

注射用三氮脒、注射用喹嘧胺、盐酸吖啶黄注射液、甲硝唑片、地美硝唑预混剂。

（三） 杀虫药

辛硫磷溶液（水产用）、氯氰菊酯溶液（水产用）、高效氯氰菊酯溶液（2016 年确定的）、精制敌百虫粉（2016 年确定的）、敌百虫溶液（水产用）（2016 年确定的）。

三、中枢神经系统药物

（一） 中枢兴奋药

安钠咖注射液、尼可刹米注射液、樟脑磺酸钠注射液、硝酸士的宁注射液、盐酸苯噁唑注射液。

（二） 镇静药与抗惊厥药

盐酸氯丙嗪片、盐酸氯丙嗪注射液、地西泮片、地西泮注射液、苯巴比妥片、注射用苯巴比妥钠、复方水杨酸钠注射液（含巴比妥）（2016 年确定的）。

（三） 麻醉性镇痛药

盐酸吗啡注射液、盐酸哌替啶注射液。

（四） 全身麻醉药与化学保定药

注射用硫喷妥钠、注射用异戊巴比妥钠、盐酸氯胺酮注射液、复方氯胺酮注射液、盐酸赛拉嗪注射液、盐酸赛拉唑注射液、氯化琥珀胆碱注射液。

四、外周神经系统药物

（一） 拟胆碱药

氯化氨甲酰甲胆碱注射液、甲硫酸新斯的明注射液。

（二） 抗胆碱药

硫酸阿托品片、硫酸阿托品注射液、氢溴酸东莨菪碱注射液。

（三） 拟肾上腺素药

重酒石酸去甲肾上腺素注射液、盐酸肾上腺素注射液。

（四） 局部麻醉药

盐酸普鲁卡因注射液、盐酸利多卡因注射液。

五、抗炎药

氢化可的松注射液、醋酸可的松注射液、醋酸氢化可的松注射液、醋酸泼尼松片、地塞米松磷酸钠注射液、醋酸地赛米松片、倍他米松片。

六、泌尿生殖系统药物

丙酸睾酮注射液、苯丙酸诺龙注射液、苯甲酸雌二醇注射液、黄体酮注射液、注射用促黄体释放激素 A2、注射用促黄体释放激素 A3、注射用复方鲑鱼促性腺激素释放激素类似物、注射用复方绒促性素 A 型、注射用复方绒促性素 B 型、三合激素注射液（2016 年确定的）。

七、抗过敏药

盐酸苯海拉明注射液、盐酸异丙嗪注射液、马来酸氯苯那敏注射液。

八、局部用药物

注射用氯唑西林钠、头孢氨苄乳剂、苄星氯唑西林注射液、氯唑西林钠氨苄西林钠乳剂（泌乳期）、氨苄西林氯唑西林钠乳房注入液（泌乳期）、盐酸林可霉素硫酸新霉素乳房注入剂（泌乳期）、盐酸林可霉素乳房注入剂、盐酸吡利霉素乳房注入剂。

九、解毒药

（一）金属络合剂
二巯丙醇注射液、二巯丙磺钠注射液。
（二）胆碱酯酶复活剂
碘解磷定注射液。
（三）高铁血红蛋白还原剂
亚甲蓝注射液。

（四）氰化物解毒剂

亚硝酸钠注射液。

（五）其他解毒剂

乙酰胺注射液。

九、乡村兽医基本用药目录

乡村兽医基本用药除兽用非处方药的所有品种外，还包括兽用处方药目录中的有关品种，主要品种如下。

（一）抗微生物药

1. 抗生素类

（1）β-内酰胺类。注射用青霉素钠、注射用青霉素钾、氨苄西林混悬注射液、氨苄西林可溶性粉、注射用氨苄西林钠、注射用氯唑西林钠、阿莫西林注射液、注射用阿莫西林钠、阿莫西林片、阿莫西林可溶性粉、阿莫西林克拉维酸钾注射液、阿莫西林硫酸黏菌素注射液、注射用苯唑西林钠、注射用普鲁卡因青霉素、普鲁卡因青霉素注射液、注射用苄星青霉素。

（2）头孢菌素类。注射用头孢噻呋、盐酸头孢噻呋注射液、注射用头孢噻呋钠。

（3）氨基糖苷类。注射用硫酸链霉素、注射用硫酸双氢链霉素、硫酸双氢链霉素注射液、硫酸卡那霉素注射液、注射用硫酸卡那霉素、硫酸庆大霉素注射液、硫酸安普霉素注射液、硫酸安普霉素可溶性粉、硫酸新霉素溶液、硫酸新霉素粉（水产用）、硫酸新霉素可溶性粉、盐酸大观霉素可溶性粉、盐酸大观霉素盐酸林可霉素可溶性粉。

（4）四环素类。土霉素注射液、盐酸土霉素注射液、注射用盐酸土霉素、四环素片、注射用盐酸四环素、盐酸多西环素粉（水产用）、盐酸多西环素可溶性粉、盐酸多西环素片、盐酸多西环素注

射液。

（5）大环内酯类。红霉素片、注射用乳糖酸红霉素、硫氰酸红霉素可溶性粉、泰乐菌素注射液、注射用酒石酸泰乐菌素、酒石酸泰乐菌素可溶性粉、酒石酸泰乐菌素磺胺二甲嘧啶可溶性粉、替米考星注射液、替米考星可溶性粉、替米考星溶液、酒石酸吉他霉素可溶性粉。

（6）酰胺醇类。氟苯尼考粉、氟苯尼考粉（水产用）、氟苯尼考注射液、氟苯尼考可溶性粉、甲砜霉素注射液、甲砜霉素粉、甲砜霉素粉（水产用）、甲砜霉素可溶性粉、甲砜霉素片、甲砜霉素颗粒。

（7）林可胺类。盐酸林可霉素注射液、盐酸林可霉素片、盐酸林可霉素可溶性粉。

（8）其他。延胡索酸泰妙菌素可溶性粉。

2. 合成抗菌药

（1）磺胺类药。复方磺胺嘧啶粉（水产用）、复方磺胺对甲氧嘧啶粉、磺胺间甲氧嘧啶粉、复方磺胺间甲氧嘧啶可溶性粉、磺胺间甲氧嘧啶钠粉（水产用）、磺胺间甲氧嘧啶钠可溶性粉、复方磺胺间甲氧嘧啶钠粉、复方磺胺间甲氧嘧啶钠可溶性粉、复方磺胺二甲嘧啶粉（水产用）、复方磺胺二甲嘧啶可溶性粉、复方磺胺氯达嗪钠粉、磺胺氯吡嗪钠可溶性粉、磺胺喹噁啉钠可溶性粉。

（2）喹诺酮类药。蒽诺沙星注射液、蒽诺沙星粉（水产用）、蒽诺沙星片、蒽诺沙星溶液、蒽诺沙星可溶性粉、蒽诺沙星混悬液、盐酸蒽诺沙星可溶性粉、盐酸沙拉沙星注射液、盐酸沙拉沙星片、盐酸沙拉沙星可溶性粉、盐酸沙拉沙星溶液、甲磺酸达氟沙星注射液、甲磺酸达氟沙星溶液、甲磺酸达氟沙星粉、盐酸二氟沙星片、盐酸二氟沙星注射液、盐酸二氟沙星粉、盐酸二氟沙星溶液、恶喹酸散、恶喹酸混悬液、恶喹酸溶液、氟甲喹可溶性粉、氟甲喹粉。

（3）其他。乙酰甲喹片、乙酰甲喹注射液。

（二）抗寄生虫药

1. 抗蠕虫药

阿苯达唑硝氯酚片、甲苯咪唑溶液（水产用）、硝氯酚伊维菌素片、阿维菌素注射液、碘硝酚注射液、精制敌百虫片、精制敌百虫粉（水产用）

2. 抗原虫药

注射用三氮脒、注射用喹嘧胺、盐酸吖啶黄注射液、甲硝唑片

3. 杀虫药

辛硫磷溶液（水产用）。

（三）中枢神经系统药物

1. 中枢兴奋药

尼可刹米注射液、樟脑磺酸钠注射液、盐酸苯恶唑注射液。

2. 全身麻醉药与化学保定药

注射用硫喷妥钠、注射用异戊巴比妥钠。

（四）外周神经系统药物

1. 拟胆碱药

氯化氨甲酰甲胆碱注射液、甲硫酸新斯的明注射液。

2. 抗胆碱药

硫酸阿托品片、硫酸阿托品注射液、氢溴酸东莨菪碱注射液。

3. 拟肾上腺素药

重酒石酸去甲肾上腺素注射液、盐酸肾上腺素注射液。

4. 局部麻醉药

盐酸普鲁卡因注射液、盐酸利多卡因注射液。

（五）抗炎药

氢化可的松注射液、醋酸可的松注射液、醋酸氢化可的松注射液、醋酸泼尼松片、地塞米松磷酸钠注射液、醋酸地赛塞米松片、倍他米松片。

（六）生殖系统药物

黄体酮注射液、注射用促黄体素释放激素 A2、注射用促黄体素

释放激素 A3、注射用复方鲑鱼促性腺激素释放激素类似物、注射用复方绒促性素 A 型、注射用复方绒促性素 B 型。

（七）抗过敏药

盐酸苯海拉明注射液、盐酸异丙嗪注射液、马来酸氯苯那敏注射液。

（八）局部用药物

苄星氯唑西林注射液、氨苄西林钠氯唑西林钠乳房注入剂（泌乳期）、盐酸林可霉素硫酸新霉素乳房注入剂（泌乳期）、盐酸林可霉素乳房注入剂（泌乳期）、盐酸吡利霉素乳房注入剂（泌乳期）。

（九）解毒药

1. 金属络合剂

二巯丙醇注射液、二巯丙磺钠注射液。

2. 胆碱酯酶复活剂

碘解磷定注射液。

3. 高铁血红蛋白还原剂

亚甲蓝注射液。

4. 氰化物解毒剂

亚硝酸钠注射液。

5. 其他解毒剂

乙酰胺注射液。

十、淘汰与禁止使用的药物

（一）淘汰的药物（中华人民共和国农业部公告第 839 号）

滴滴涕、滴滴涕粉剂、甘汞、汞溴红、含醇樟脑注射液、亚砷酸钾溶液、注射用盐酸金霉素、硫柳汞、硫溴酚、升汞（二氯化汞）、水合氯醛硫酸镁注射液、水合氯醛乙醇注射液、水杨酸钠可可碱（利尿素）、樟脑注射液、阿片酊、阿片粉、复方樟脑酊、注射用土

霉素粉等 48 种药物。

（二）在饲料和动物饮水中禁止使用的物质（中华人民共和国农业部公告第 1519 号）

（1）苯乙醇胺 A：β-肾上腺素受体激动剂。

（2）班布特罗：β-肾上腺素受体激动剂。

（3）盐酸齐帕特罗：β-肾上腺素受体激动剂。

（4）盐酸氯丙那林：β-肾上腺素受体激动剂。

（5）马布特罗：β-肾上腺素受体激动剂。

（6）西布特罗：β-肾上腺素受体激动剂。

（7）溴布特罗：β-肾上腺素受体激动剂。

（8）酒石酸阿福特罗：长效型 β-肾上腺素受体激动剂。

（9）富马酸福莫特罗：长效型 β-肾上腺素受体激动剂。

（10）盐酸可乐定：抗高血压药。

（11）盐酸赛庚啶：抗组胺药。

（三）食品动物中禁止使用的药物（中华人民共和国农业部公告第 193 号和第 2292 号）

类别	兽药及其他化合物名称	禁止用途	禁用动物
β-兴奋剂类	克伦特罗、沙丁胺醇、西马特罗及其盐、酯及制剂	所有用途	所有食品动物
性激素类	己烯雌酚及其盐、酯及制剂	所有用途	所有食品动物
雌激素样物质	玉米赤霉醇、去甲雄三烯醇酮、醋酸甲孕酮及制剂	所有用途	所有食品动物
氯霉素	氯霉素及其盐、酯制剂	所有用途	所有食品动物
氨苯砜	氨苯砜及制剂	所有用途	所有食品动物
硝基呋喃类	呋喃唑酮、呋喃它酮、呋喃苯烯酸钠及制剂	所有用途	所有食品动物
硝基化合物	硝基酚钠、硝呋烯腙及制剂	所有用途	所有食品动物
催眠、镇静类	安眠酮及制剂	所有用途	所有食品动物
汞制剂	氯化亚汞、硝酸亚汞、醋酸汞、吡啶基醋酸汞	杀虫剂	所有食品动物

类别	兽药及其他化合物名称	禁止用途	禁用动物
性激素类	甲基睾丸酮、丙酸睾酮、苯丙酸诺龙、苯甲酸雌二醇及其盐、酯及制剂	促生长	所有食品动物
催眠、镇静类	氯丙嗪、地西泮（安定）及其盐、酯及制剂	促生长	所有食品动物
硝基咪唑类	甲硝唑、地美硝唑及其盐、酯及制剂	促生长	所有食品动物
	洛美沙星、培氟沙星、氧氟沙星、诺氟沙星4种原料药的各种盐、酯制剂	所有用途	所有食品动物
	林丹（丙体六六六）	杀虫剂	所有食品动物
	毒杀芬（氯化烯）	杀虫剂	所有食品动物
	呋喃丹（克百威）	杀虫剂	所有食品动物
	杀虫脒（克死螨）	杀虫剂	所有食品动物
	酒石酸锑钾	杀虫剂	所有食品动物
	锥虫砷胺	杀虫剂	所有食品动物
	孔雀石绿	杀虫剂	所有食品动物
	五氯酚酸钠	杀螺剂	所有食品动物

[1] 陈傅言. 家畜传染病学（第五版）[M]. 北京：中国农业出版社，2006.

[2] 陈学风. 猪病防治实训 [M]. 北京：中国农业出版社，2016.

[3] 景志忠. 猪病早防快治 [M]. 北京：中国农业科技出版社，2006.

[4] 孔繁瑶. 家畜寄生虫学（第二版）[M]. 北京：中国农业大学出版社，1997.

[5] 吴增坚. 养猪场猪病防治（第四版）[M]. 北京：金盾出版社，2015.

[6] 张信. 猪病智能卡诊断与防治 [M]. 北京：金盾出版社，2013.

[7] 才学鹏，景志忠，邱昌庆. 动物疫苗学 [M]. 北京：中国农业科技出版社，2009.

[8] 姜聪文，陈玉库. 中兽医学（第三版）[M]. 北京：中国农业出版社，2016.

[9] 景志忠. 天然分子免疫学 [M]. 北京：科学出版社，2017.

[10] 农业部. 兽用处方药品种目录（第一批）. 中华人民共和国农业部公告 第 1997 号，2013.

[11] 农业部. 乡村兽医基本用药目录. 中华人民共和国农业部公告 第 2069 号，2014.

［12］ 中国兽药典委员会. 中华人民共和国兽药典（2015 版三部）［M］. 北京：中国农业出版社，2016.

［13］ 中国养殖业可持续发展战略研究项目组. 中国养殖业可持续发展战略研究：动物疫病防控卷［M］. 北京：中国农业出版社，2013.